了凡家训

袁了凡 等 著　王程强　赵俊生 释读

图书在版编目（CIP）数据

了凡家训 / 袁了凡等著；王程强，赵俊生释读. --
北京：华夏出版社有限公司，2025. -- ISBN 978-7
-5222-0876-3

Ⅰ．B823.1

中国国家版本馆 CIP 数据核字第 2025A6A445 号

了凡家训

著　　者	袁了凡等
释　　读	王程强　赵俊生
责任编辑	张　平
责任印制	周　然
出版发行	华夏出版社有限公司
经　　销	新华书店
印　　装	三河市少明印务有限公司
版　　次	2025 年 3 月北京第 1 版 2025 年 3 月北京第 1 次印刷
开　　本	880mm×1230mm　1/32 开
印　　张	6.5
字　　数	100 千字
定　　价	49.00 元

华夏出版社有限公司　地址：北京市东直门外香河园北里 4 号　邮编：100028
网址：www.hxph.com.cn　电话：（010）64618981
若发现本版图书有印装质量问题，请与我社营销中心联系调换。

题　记

《周易》："积善之家，必有余庆。"

父亲对了凡说："我们家积德行善，几辈人都没有参加科举考试，子孙中一定会有兴旺发达的！"

刘光浦对了凡说："我和你父亲做了40年朋友，逢年过节，你们家穷亲戚坐满一屋子，这是最美好的家风呀！你们家以后必定要出闻名天下的人物。这个人可能就在你们这一辈。"

积善人家福运长［代前言］

上　积善人家福运长

一、"四训"与"八训"

《了凡四训》影响中国 400 多年。了凡在世时，《了凡四训》还没成书。到了清代，有人汇编、删减了凡著作，编辑刻印出《了凡四训》。

了凡 61 岁时，为教育 13 岁的独生儿子天启[①]，编写《训

[①] 天启（1581—1627）：字若思，号素水。避明熹宗天启年号，改名俨。天启五年（1625）进士，曾任广东高要知县。

儿俗说》；了凡64岁时，为16岁的儿子举办成人礼，刻印出版《训儿俗说》。这是真正的《了凡家训》，共分8章。

了凡是他的号，他最初叫袁表，字庆远，号学海，36岁时，改号了凡。44岁时，他改名袁黄，字坤仪。他出生在浙江嘉善，晚年移居江苏吴江。

《了凡四训》侧重成年人洗心革面、重新做人、积德行善、生儿育女、考取功名、改变命运；《了凡家训》侧重青少年立定远大志向、从日常小事踏踏实实做起、涵养优良心性、培养良好习惯、养成健康人格、学会与人相处，为将来组织和谐家庭、有效管理团队打下良好基础，最终成就一位德才兼备的圣贤。

二、以家训建设家风

中华民族的传统是，圣人定国法，贤人作家训。圣人，廓然大公，公而无私，道德和天地一样纯粹；贤人，公心大，私心小，考虑别人多，考虑自己少；圣贤，是圣人和贤人的组合，指立志成为圣人并一直在努力成为圣人的贤人。圣贤大体上与君子同义。周公是圣人，可以制定通行天下的国法；了凡是圣贤，是家长，有资格制定家训。

家训，是用于教育子弟的言行准则和道德规范。家规，是用于约束家庭或家族成员的行为准则和道德规范，包含惩罚性的规则。过去家庭规模大，几代人甚至一个家族生活在一起，像一个小国家，这就需要有一个严格的家规，要奖罚分明，要保障家庭或家族健康发展，要传承后世，这样的家规就成了家法。

制定家训、家规、家法的目的是塑造子弟和整个家族成员的健康人格，规范家族成员和工作人员做人做事的心态言行，以建设良好的家风。良好的家风有什么标准？家训、家规、家法，都属于外来的规矩和约束，培养出来的道德叫他律道德。圣贤制定家训、家规、家法，最终目的是唤醒子弟和整个家族成员与生俱来的良知。人的良知觉醒后，良知自发地规范和约束自己的身心言行，这样形成的道德叫自律道德。自律道德塑造的家风是最好的家风。有风必有气，良好的家风形成风气，就会影响、感染、滋养、塑造、同化家庭成员的人格。

三、立德立功立言

王阳明①是公认的立德、立功、立言的圣人。作为王阳明的重要弟子王畿②的弟子,了凡官职没有王阳明高,功勋没有王阳明大。王阳明的父亲状元出身,做到南京吏部尚书。王阳明是典型的官二代,20岁考中举人,27岁出来做官,起步早,人脉广。王阳明44岁成为省部级高官后,剿匪安民,平叛定国,建立赫赫功勋,荣升新建伯。他55岁时主管四个省的军务,施展才智的舞台很大。

了凡的父亲是个县城的医生,在了凡13岁时就去世了。了凡37岁中举,53岁中进士,起步晚,官职小,最高做到六品主事,施展才智的空间有限。

但是,在做宝坻知县的四年零六个月中,了凡被当地人民称赞为有史以来最好的宝坻知县,活着时就被宝坻人民建立祠堂纪念。了凡在宝坻政绩卓著。

---

① 王阳明(1472—1529):名守仁,字伯安,号阳明,浙江余姚人,弘治十二年进士。
② 王畿(1498—1583):字汝中,号龙溪,浙江绍兴人,嘉靖十一年进士。

了凡一生工作时间短,学习时间长,学问比王阳明广博,著作比王阳明多,著作的影响力不比王阳明逊色。久病成医,久考成师。了凡编著的多种科举考试辅导书畅销全国。他把圣贤思想融入科举考试辅导书中。《了凡四训》中的"三训"都出自这些辅导书。《了凡四训》与王阳明的《传习录》一样,影响深远。

王阳明实现了龙场悟道,通过剿匪平叛、救济民生和推行德政,成就了高尚的道德。了凡先后拜师心学明师王畿和得道高僧云谷[①]等,启发自心良知,发大心,立大愿,践行良知,像爱儿子一样爱天下人,像孝敬父母一样帮助天下人。他每天写日记,检讨自己一天的心念言行,每月做总结。他每隔一段时间就制定一项行善规划,立定一个行善目标,三千件善事做完,再做三千件,有一次立下做一万件善事的目标。他积累小善成大善,积累小德成大德。了凡成就了大德,成了圣贤。

[①] 云谷(1500—1575):法名法会,号云谷,浙江嘉善人,俗姓怀。书中也称其"会禅师"。

四、彻底改变命运

没有天生的圣贤。孔子是修学成的，王阳明是修学成的，了凡更是修学成的。

了凡16岁时遇到一位技术精湛的算命先生孔道人。孔道人推算了凡一生的命运：

1. 在县学入学资格考试中，县考第14名，府考第71名，省考第9名。

2. 在县学吃够91.5石①皇粮后获得选贡②资格。

3. 在四川某县做三年半知县，辞职回乡。

4. 死于农历八月十四日丑时，享年52岁。

5. 一生没有儿子。

孔道人算得太准了，了凡无论如何努力，也摆脱不了命运的束缚。他彻底信命，躺平了，不努力了。35岁时在北京

---

① 石：古代粮食计量单位。明代一石米约等于现在150斤米。
② 选贡：县（州、府）学的优秀学生多年考不上举人，由学校推荐、省里选拔、朝廷考核后，或进入国子监学习，或直接被派到各地学校当训导，这样的秀才被称为贡生。

国子监①,他不看书,不学习,每天像个木头人一样打坐。

万幸的是,他在南京栖霞寺遇到云谷禅师。云谷禅师告诉他,每个人的命运都掌握在自己手中,要改变命运,首先要改变心态,要以圣贤的心态去行善积德。云谷禅师鼓励他发大心、立大愿,并传授他静心秘诀,告诫他每天做日记检讨自己心念言行的善恶,净化自己的心灵,落实自己的善念,知行合一,做个脚踏实地的圣贤。

于是,了凡立定脱尘去俗做圣贤的伟大誓愿,不怕苦,不怕累,不怕吃亏,甘于奉献,经过一天天奋斗,经过一年年奉献,终于彻底改变命运。他没有局限于一个贡生的功名,而是考中举人和进士;他没有局限于做三年半的知县,而是做了四年零六个月的知县,甚至还升任兵部六品主事,并享用四品官的官服。他不仅在52岁那年的八月十四日丑时没有死,还在第二年考中进士。他在48岁时生了儿子,儿子非常聪明,16岁就成了秀才。

他比孔道人算定的寿命多活21年。21年可以做很多事。

---

① 国子监:明代最高学府。

了凡著作约22部，合计198卷，其中4部书目被收录进《四库全书》。

五、子孙命运相连

了凡祖上积德，家运不差。了凡高祖袁顺家里有四千亩田地。朱棣①造反时，他忠于建文帝②，资助和保护保皇派。朱棣称帝后，袁顺隐姓埋名，躲到苏州府吴江。曾祖袁颢③是个医生，医术高明，不仅救死扶伤，还利用医生身份劝人修养心性、积德行善。祖父袁祥④医术也不错，还利用业余时间到南京走访调查，为建文朝书写历史，填补建文历史在当时的空白。朝廷为建文帝的忠臣平反后，了凡家族获得参加科举

---

① 朱棣（1360—1424）：明代开国皇帝朱元璋的儿子，1402年夺取侄儿朱允炆的皇位。
② 建文帝：朱允炆（1377—？），朱元璋的孙子，当了5年皇帝，年号建文。
③ 袁颢（1414—1494）：字孟常，号菊泉，入赘江苏吴江一位姓徐的医生家，当过里长。著有《袁氏脉经》《痘疹全书》《袁氏春秋》等。
④ 袁祥（1448—1504）：字文瑞，号怡杏，入赘浙江嘉善一位姓殳的名医家。殳氏去世后，袁祥续娶朱氏。著有《春秋或问》《建文遗事》《彗星占验》等。

考试资格，他大姑的孙子钱贞、二姑的儿子沈科先后考中举人和进士。他二哥袁襄考上秀才。了凡考上秀才后，他弟弟袁衮和两个侄子同一年考上秀才。

本书下编《庭帏杂录》描述了了凡父母的圣贤形象。了凡的父亲袁仁①是一位学者型医生，精通四书五经，擅长作诗，书法被当时的收藏家误认为是元代赵孟𫖯的作品。王畿称赞袁仁是天下第一流人物。

了凡弟兄5个，出了2个医生、3个秀才；姊妹8个，大姐嫁给一位县主簿。这充分证明了《周易》中的一句话，积德行善的人家家运昌盛绵长，享不完的福分会传承给子孙后代。

即便按孔道人算定的，了凡的命运也要远远好于一般人，以贡生身份做到知县，这是许许多多人一辈子都望尘莫及的。但是，命运好坏是相对的。贡生与进士相比，差距类似于现在的本科毕业生与博士毕业生。了凡经过奋斗，破除了宿命

---

① 袁仁（1479—1546）：字良贵，号参坡，浙江嘉善人。著有《周易心法》《春秋考误》《毛诗或问》等。

的枷锁，改造了命运。他总结自己人生的实践经验，作家训教育儿孙，作四训教化社会。这些来自他的亲身实践，照着做效果很灵验。

据《嘉善县志》和《湖隐外史》记载，天启有4个特点：

1. 聪明。读书一目十行，过目不忘；写文章作诗词，一挥而就；讨论问题，滔滔不绝。

2. 谦和。对待大人小孩，不分贵贱，一律坦率真诚、谦虚谨慎、和颜悦色。

3. 博学。精通易经八卦和天文地理，著有《抱膝斋漫笔》3卷。

4. 好官。在广东做知县时，不徇私情，不收贿赂，兴利除弊，访贫问苦，救灾救难，鞠躬尽瘁。他以身殉职时，老百姓像哭亲人一样哭他。

了凡有一个养子叫叶绍袁[①]，从几个月大时就由了凡夫妻抚养，直到给他娶了媳妇。两个儿子在天启五年一起考中进

---

① 叶绍袁（1589—1648）：江苏吴江人，天启五年进士，明末文学家。著有《湖隐外史》等。

士,一个做知县,一个做南京武学教授①。后来,叶绍袁成了著名文学家。

了凡5个孙子都是秀才。了凡8世孙袁嵩龄于清道光三十年(1850)考中进士。

了凡亲戚家中,他大姐的孙子钱天胤(1601)、二姑的孙子沈道原(1595)、舅姥爷的孙子朱廷益(1577)、他父亲第一任妻子的娘家侄孙王慎德(1580)先后考中进士。他大姑的曾孙钱吾德与他同年中举。了凡去世后,他大姑家的后代在万历末年先后出了钱士晋(1613)、钱士升(1616)、钱继登(1616)3个进士。

由此可见良好家风影响力之巨大。

下 阅读与践行提要

《了凡家训》由上编《训儿俗说》和下编《庭帏杂录》组

---

① 武学教授:武学,即军事学院;教授,即教官。

成，上编是了凡教育儿子的家训，下编是了凡父母教育了凡兄弟 5 个的家训。《训儿俗说》被全文收录。原《庭帏杂录》分上下卷，内容太杂，本书只摘选了与家训直接相关的内容。

一、儒家的道统传承

在了凡人生观形成的青年时期，正赶上阳明心学风行天下。了凡的父亲袁仁与王阳明的弟子董沄[①]是同一个诗社的诗友。王阳明重要弟子之一的王艮[②]欣赏袁仁，把他介绍给王阳明。袁仁到绍兴拜访王阳明，请教什么是良知。王阳明用一首诗答复他："良知只是独知时，自家痛痒自家知。若将痛痒从人问，痛痒何须更问为？"

袁仁与王阳明保持半师半友的关系。王阳明客死异乡，袁仁不远千里，从嘉善前去迎丧，并护送灵柩到绍兴。王畿几次到嘉善，袁仁都热情接待。王畿是了凡的磕头师父。

---

① 董沄（1458—1534）：号从吾道人，浙江海宁人，诗人。
② 王艮（1483—1541）：号心斋，江苏泰州人，阳明心学泰州学派创始人，弟子众多。

王阳明是大儒，传承了儒家道统。了凡从王畿这里继承了儒家道统。儒家道统的源头在《尚书》中的"人心惟危，道心惟微，惟精惟一，允执厥中"，这被称为"儒家十六字心法"。所谓心法，就是把凡人心净化成圣人心的方法。凡人心被习气沾染，不能定，不能静，不能安，很容易被世界万象的表面现象误导、迷惑，欲念纷飞，胡思乱想，很危险；圣人心纯洁无瑕，与天地心一样，就像一面纯净的镜子，照彻世间万象，而不被各种表面现象误导、迷惑，能够看透世间万象的本质。圣人心常被比喻为太阳，太阳不挑选美丑，普照世间万事万物，滋养世间万事万物。圣人心又被比喻为大地，大地不嫌弃香臭，不分别香臭，包容香臭，承载香臭，融化香臭，滋养万事万物。圣人又被称为大人。圣人心被称为良心，良心被孟子称为良知。王阳明说，圣人的良知贯通古今，周流天地。

《训儿俗说》第一章传授的是道统。当年孔子15岁（虚岁）时立志继承道统，了凡本着笨鸟先飞的原则，在儿子13岁时就开始向儿子传道。王阳明晚年在绍兴讲学，一接收到新学生，就让王畿等弟子给新学生启蒙，教授他们《大学》

和《中庸》第一章。了凡在《训儿俗说》第一章中,也是在讲《大学》和《中庸》第一章。

二、继承道统须立志

道统的传承,既是纯粹道德的传承,又是生命智慧的传承,实际上它是一个从凡人向圣人提升的过程。纯粹道德是相对庸俗道德来说的,纯粹道德对应十六字心法中的"道心",庸俗道德对应十六字心法中的"人心"。道统传承的过程即致良知①的过程,致了良知的人被儒家尊称为"圣人"或"大人"。了凡自己追求高,对儿子要求也高,直接要求儿子立志做大人。

孔子在《周易》中,孟子在《孟子》中,王阳明在《大学问》中,介绍了大人的几个特征:

---

① 致良知:王阳明心学中最重要的概念。王阳明认为,每个人心中都有与生俱来的良知,这是每个人都可以成为圣人的基础,只要启发、唤醒、保养良知,让良知彻底成为身心的主人,让生命彻底良知化,活出良知,成为良知,这样的过程即致良知。

1. 道德和天地道德一样纯粹；
2. 心灵纯净得像刚出生的婴儿；
3. 具有万物一体的仁心，把天下看作一家，把中国人看作一人。

王阳明特别指出，圣人这样的境界不是想出来和装出来的，他们的心境真的是这样。

古代儒家圣贤强调道德，讳言智慧，因为一般人分不清智慧和知识的区别，分不清先天智慧与后天聪明的区别。古人称大人为大德、大仁，突出圣人和大人胸怀宽广和仁爱的属性。王阳明说过，良知其实是每个人与生俱来的智慧，得之于天，可以被称为先天智慧。《大学》中的"明德"也表述了这两个属性，明即明白，意味着智慧；德，即德性，意味着道德。

了凡教育儿子，要按照《大学》第一章的修学方法，一步步修养心性，学好本领，经营好家庭，管理好团队，做一个顶天立地的大人。

继承道统做大人，要立大志。大志中的"大"有两层含义，一是志向确实崇高，二是意志必须坚定。

三、圣贤由心不看脸

继承道统,在《大学》中叫"明明德",在《中庸》中叫"致中和",在《传习录》中叫"致良知",最通俗的说法叫"悟道"。用不同概念表达同一内涵,是因为场合、时代、作者不同,其侧重的属性不同。明明德,突出良知的本自光明属性;致中和,强调良知万物和谐的效果;致良知,兼顾良知的道德属性和智慧属性。这就像川剧中的变脸,变来变去,还是同一个人。

与川剧变脸不同的是,圣人的心并没有因为称谓不同而变来变去,它永远纯朴、纯净、纯粹、光明、通透、晶莹、安定、安静、安详、自由、自在、自足、无为、无畏、无知、良心、良知、良能、真诚、慈善、美好、寂然不动、遂感遂应、生生不息。

王阳明说,评判是不是金子只论成色,不看重量大小;评判是不是圣人只论道德,不看官爵财富。例如:选演员,主要看长相;找伴侣,既看长相又看心性;评判圣人,只论心性,只论道德纯粹不纯粹,不看长相。同样一个人,前天损人不利己，是坏人；昨天自私自利，是小人；今天公心大、私心小，是贤人；明天大公无私，是大贤；后天超越公私，成圣人。同一个人，同一张脸，因心性不同，因道德大小，因道德纯粹程度，而分别成为坏人、小人、贤人、大贤和圣人。这就是俗话所说的，一念恶的时候是恶人，一念善的时候是善人。

为了通俗易懂，本书把所有历史概念全部翻译成现代语言，比如把"明德"翻译成"光明德性"，有时候简称"德性"；把"明明德"翻译成"让光明德性光明起来"，有时候简称"让德性光明"或"实现德性光明"。本书尽量把前后出现的表述同一内涵的不同概念统一起来，以免读者感到困惑。

过去，对血缘亲疏不同的人，儒家可以给予有差别的爱。比如春节发压岁钱，父亲给儿子发200元，给外甥发100元，外甥不能因此指责舅舅偏心。"儒"字，拆开一看，左人右需，意味着人人日常需要。儒家学问是社会哲学、大众哲学、生活哲学和生命哲学。为了通行于社会，儒家不敢把标准定得太高，担心世人产生畏难情绪，影响其在实际生活中的践行。实际上，王阳明和了凡的表述更准确，真正"明明德"

和"致良知"的人，已经与爱融为一体，在他们心中和眼中，整个世界都是爱的存在。他们就是爱的本身，对世界的爱没有任何差别。

读经典，不要怀疑经典，不要怀疑古代圣贤。古今圣人是一样的心，等修养到同样心境，就一切都真相大白。

四、自信的学习方法

本书难点在上编第一章《立志圣贤》。《大学》和《中庸》难点也在第一章。《大学》第一章明确和具体了儒家十六字心法，说明了从凡人修养到圣贤的次序和步骤，介绍了修养身心和组织家庭、管理社会以及建设人类文明的逻辑关系。

《大学》越想把整个逻辑关系的次序和过程说得清楚就越显得繁琐，《中庸》补充和提炼出了学习和修养原则。《中庸》开篇就说，人一出生就带有上天赋予人的天性，遵循和任由这个天性自然而然地发挥作用，这就是修养身心最好的方法。如果个人后天的习气与这个天性不一样，就要修改习气，让身心彻底恢复到和天性一样，这就是最根本的教育。当年，王阳明的学生办书院，习惯给书院起名"复性""复古""复初""复真"，名字表达了建书院的目的是恢复学生的天性。

这个天性，与《大学》中的"明德"同义，与《传习录》中的"良知"同义，所不同的是，天性强调了它与生俱来的属性，是上天赋予人的。

王阳明悟道后，明白了《中庸》第一章的高明。他说，每个人都是带着良知出生的。王阳明的弟子王畿非常聪明，他进一步发展了师父的观点。王畿自我启发，醒悟到，既然每个人都是带着良知出生的，那就说明每个人的良知都是现成的，根本不用修。因为它本来就在，修不修都没关系。

王阳明担心这个观点误导人，就告诫王畿，不要轻易传播。王畿发现了凡很聪明，就传授给了凡。从知行合一的高度讲，观点即方法。了凡当时没接住，过了7年，到不惑之年时，他才明白过来。又过了20多年，他把这个观点和方法传授给儿子。

这个观点和方法在中国传统的身心修养学问中被称为"顿悟"，意思是，我的良知是与生俱来的，无论我修养不修养，它都完美无缺地存在着。

它好的一面是可以增强每个人的自豪感、崇高感、庄严感和神圣感。这远远超越了西方所谓人人（人格）平等这个观念。西方文化认为人人平等，但是他们不敢与上帝平等。我们东方文化不仅认为人人平等，而且认为人人都可以做圣贤。

它不好的一面是容易误导人，让一身毛病的人狂妄地或者愚蠢地认为，现在一身毛病的他就是圣贤。

61岁的了凡给儿子指出了一个综合性的方法：首先要敢于承认和承当，人人都可以成为圣贤，然后对照经典和明师列出的圣贤标准，找出差距，改正错误，踏踏实实地修养，向着圣贤出发，落实圣贤标准，活成圣贤。

五、德才兼备做圣贤

王阳明龙场悟道[①]后感慨说，圣人之道我心中本来就

[①] 龙场悟道：1508年，王阳明在贵州龙场悟道，即在龙场实现了明明德和致良知。

有。圣人之道是从内心启发和修养出来的，不仅具有圆满的道德意义，而且具有圆满的智慧意义。这个道德叫纯粹道德，这个智慧叫先天智慧。修养出纯粹道德和开发出先天智慧有什么意义呢？换句话说，当圣人和当大人有啥好处呢？

简单说，圣人心和天地一样，没有丝毫私心杂念。没有了私心杂念，就没有了抱怨、懊悔、嫉妒、贪婪、愚蠢、傲慢、仇恨、烦恼、焦虑、孤独、无聊、忧伤、恐惧、抑郁等等一切不良心理和情绪，心灵就得到了彻底的解放和自由、获得了终极的安详和宁静，心中和眼中就呈现出完完全全真善美的世界。圣人彻底看透了世界，理解了世界，接受了世界，融入了世界，和世界成为一个整体。

但是，纯粹道德和先天智慧只能实现心灵的彻底解放和自由。当年，有学生问孔子关于农业生产的知识，孔子说，你去问农民伯伯吧。圣人不是无所不知吗？王阳明回答过这个问题，圣人只是知道天理良心。如果龙场悟道后的王阳明穿越到现在，参加飞行员招聘，他同样需要先学会如何驾驶飞机。

在古代，知识的"知"与智慧的"智"通用，这个容易误导人。知识不同于智慧。智慧本义指先天智慧，知识属于后天聪明。

知识是后天从外面学习来的，可以转化为后天智慧。这个智慧用于研究自然现象，就归属于自然科学；用于研究社会现象，就归属于社会科学。自然科学和社会科学的研究方向和方法正好与开发纯粹道德和先天智慧的方向和方法相反。后者是向心内出发，方法是不加干涉的无为，恢复到心性的先天状态，即彻底恢复天性；前者是向身外努力，方法是孜孜以求、刻苦钻研、锲而不舍、捕捉规律、找出办法、创新创造。自然科学实现的是科技发展和物质文明，社会科学实现的是社会和谐和精神文明。

先天智慧彻底解放心灵，后天智慧持续解放身体。先天智慧指导后天智慧，与后天智慧相辅相成，就像鸟的两只翅膀，又像人的两条腿。鸟缺少一只翅膀或人缺少一条腿，都不算生活美满和生命圆满。先天智慧可以凭无为开发，纯粹道德可以靠修养获得，但是人生价值不仅仅在于自己得到心灵解放和自由，更需要通过创造物质财富、创新精神文明、服务社会、奉献人生来实现。

以上是阅读和践行《了凡家训》的金钥匙,尤其是对上编第一章而言。

目录

[译文]

上编　训儿俗说

《训儿俗说》序	003
第一章　立志圣贤	008
第二章　本分做人	014
第三章　尊重老师	021
第四章　亲爱大众	024
第五章　德业双修	031
第六章　尊崇礼义	037
第七章　祭祀祖宗	048
第八章　经营家庭	051

I

下编　庭帏杂录

《庭帏杂录》序	057
第一章　大哥的记录	060
第二章　二哥的记录	064
第三章　三哥的记录	069
第四章　了凡的记录	077
第五章　五弟的记录	084
《庭帏杂录》跋	092
了凡人生重要轨迹	094

[原文]

上编　训儿俗说

《训儿俗说》序　099
立志第一　102
敦伦第二　106
事师第三　111
处众第四　114
修业第五　119
崇礼第六　124
报本第七　132
治家第八　134

下编　庭帏杂录

《庭帏杂录》序　　139
第一章　袁衷的记录　　142
第二章　袁襄的记录　　145
第三章　袁裳的记录　　149
第四章　袁表的记录　　155
第五章　袁衮的记录　　160
跋　　166

附录一　了凡年谱　　167
附录二　主要参考书目　　173

上编 训儿俗说

《训儿俗说》序

做过兵部主事的袁公坤仪，幼年时就立志修学圣贤学问，曾拜王龙溪等几位先生为师。我曾断断续续地跟随几位先生，聆听他们讲学，心中明白王阳明致良知学传承了古圣先贤代代相传的儒家十六字心法，禁不住感叹，自己过去苦苦寻觅的那些书籍、墨守遵行的那些方法，是多么支离破碎。袁公做官后，把自己的学问运用到工作中去，当知县时就造福一县百姓，被提拔到朝堂就在朝堂出谋划策，参赞军事时就在边疆建功立业。而我做官一任，回乡后与山水为伴，只能算一个老学究。

袁公一身抱负没有得到充分施展，回乡后把自己的学问运用到家庭中，教育他儿子天启。天启和袁公一样从小聪明伶俐，完全可以传承袁家的学风、家风。丁酉年，天启入县学成秀才，随即参加了浙江省举人考试，他才17岁①。袁公要给天启举办成人礼和婚礼。成人礼定在十月的一个好日子，袁公邀请我当主礼嘉宾。我老了，脑子不好使了，一个人在家很少出门，本来不精通这种礼节，转念一想，社会上已经很多年不举办成人礼了，回想起我父亲活着时为我举办成人礼那一天的情景，当时我爷爷的兄弟平斋先生还在世，如今想起来心中仍然激动不已。那一天已经过去50年了。当今能够亲眼见证这种荒废了多年的典礼重新出现，我哪敢借口自己不精通成人礼而推辞？我尽心尽力地主持了这场成人礼。

穿戴好衣冠的天启高高大大，成了真正的男子汉。我非常高兴，给天启取"若思"当表字。表字体现了袁公对他的

---

① 17岁：虚岁。明代人习惯用虚岁。本书正文中均沿用虚岁。前言与附录中用周岁。

期望,像是期望天启能够学会思考,实际上是期望天启修养出一颗谨慎恭敬的真诚心。

深明大义的袁公拿出一册《训儿俗说》给我看,我认真翻阅。《训儿俗说》分八章:第一章《立志圣贤》,目的是栽培一个人的根本;《本分做人》和《尊崇礼义》,目的是培养孩子良好的道德规范和行为准则;《祭祀祖宗》,目的是让孩子感恩自己的列祖列宗;《尊重老师》和《亲爱大众》,目的是教育孩子在起心动念和言语行动时,要小心谨慎;《德业双修》和《经营家庭》,目的是教练孩子操办人生面对的各种各样的事务。

外:作息、用餐、说话、动静的日常习惯;

内:脾性、志趣、喜好、怒憎的情绪调节。

上:祭祀和宴会活动中的礼仪;

下:洒水扫地和待人接物时的注意事项。

大:与德高望重的读书人交往时的分寸;

小:管理看家护院等仆人和随从的尺度。

至于如何走路、站立、就座、睡觉这些繁杂的日常行为,甚至于如何擤鼻涕、吐唾沫、拉屎、撒尿这些琐碎的日常小事，不管大事小事，没有说得不透彻的。

自古以来能够见到的那些记载在各种书籍中的家训，从没有像《训儿俗说》这么详细而又明晰。这哪里是袁公一家的家训，它必将成为天下后世的家训模范！即便最笨的孩子，只要听讲了、阅读了，就没有不受到感动而振作起来的，何况袁公子一向被称赞思维敏捷、聪明伶俐。

袁公年轻时，因为生育艰难而备受折磨，他以为自己命苦。后来听法会禅师说，英雄豪杰可以摆脱命运的局限，他从此广泛地行善积德，深挖幸福的源头，积累吉庆的基础，终于生了儿子。天启是受到上天启发才生育的，这是千真万确的！有感于自己善有善报的切身体会，袁公创作了《祈嗣真诠》，希望能够启发后生晚辈。现在，他又创作了《训儿俗说》教导后人。

生育艰难时积德行善，疏通生育的源头，这样的人家道德深厚，感召来的儿女也聪慧俊秀。儿女出生后在成长过程中，再用端正的行为规范和良好的家风家教教育他，这样的家训意义深远。孩子出生有出生的因缘，将来一定会大有作为。我给袁公子的未来先做一个预判。我祈望袁公子，切实遵照袁公教训，不要辜负天启这个名字。这是我对天启的殷切期望。

万历丁酉年十一月

世交弟沈大奎[①]叩首敬序

---

① 沈大奎：浙江嘉善人，万历十五年贡生，分到益王府当教官。沈大奎写序当年八月，儿子沈万珂考中举人。

第一章　立志圣贤

你今年14岁，明年15岁，正是立志学习的年龄，必须立志学习，成为德性光明的人。实现德性光明的学习方法和成功标准是，让自己心中与生俱来的光明德性光明起来，亲爱世上的人和万事万物，把自身道德和生命修养到近乎完美的状态。这不仅是孔子儒家一门的修养法脉，也是自古以来学成圣贤的通用方法和标准。仅仅因为后来的儒家学者（修为不精、见识不透）说法错误，不能证明这一学习方法和标准的成效，才让本来正确的法脉中断了传承。我在修学中，最初是因为接受了王龙溪先生的教导，才知道修学的头绪，后来苦苦思索了7年，才明白这个道理。

　　我现在给你说破这个秘密，每个人与生俱来的光明德性不是什么其他东西，它就是每个人都有的清净、空灵、光明的心体。这个心体在圣人身上不能增加一丝一毫，在凡人身上也不能减少一丝一毫；想让它扩大一丝一毫做不到，想让它减少一丝一毫也做不到。它自出现以来，从没有生长过，从没有毁灭过，从没有被污染过，从没有更干净过，从没有被打开过，从没有被封闭过，因此被称为光明德性。因为这个原因，气数不能拘束它，欲望不能蒙蔽它，它万古长明。你现在年龄小，自己觉得离光明德性十万八千里，其实你心中那个明断是非的地方，就是你的光明德性。

　　只要不蒙蔽这个心体，就是让自己心中与生俱来的光明德性光明起来。一枚缝衣针针眼的空与整个太空的空，它们的空性没有什么两样。我们心中一念光明与圣人心中念念光明，它们不是两样光明。如果视圣人的心清净纯洁，视自己和凡人的心昏暗污秽，这是被现象迷惑了。现在你立志实现德性光明，如果不能认识自己心中的光明德性，而是在这个真心上另外生一个妄心，追逐外面的花花世界，迷恋外面的花花世界，这样只会越用功，离德性光明越远。这个光明德性本来光明，你只要顺应它，让它自己光明，就丝毫不需要添加什么，也丝毫不需要修证什么，这就是让自己心中与生俱来的光明德性光明起来。

然而光明德性不是哪一个人私有的，而是可以与每个人共同得到的，所以光明德性光明起来的表现为亲爱世人。把世人和万事万物与自己看作一个整体，就会亲爱世人和万事万物；把全中国看作一个完整的大家庭，就会亲爱全中国的人。任何人走到我面前，我都把他当自己儿子一样看待，爱护他就像爱护自己的幼儿一样。这是爱人的真实情景。你现在没有做官，没有人可以管理，但是和人交往时，要把他当亲骨肉一样亲爱，把他（她）当亲爹（娘）一样敬爱。如果遇到不善良的人，必须心生真诚的怜悯，能够教育的，要千方百计地教育，不能教育的，要反省自责来感动他。即便不能真正地帮助到他，你自己也必须这样发心。

但是，用自己的光明德性亲爱他人和万事万物，不能逾越礼法，要做到恰如其分。这就像一个人出门在外，不走路就不能回家。如果一直在路上走，舍不得离开道路，就永远也没有到家的日子。这就像一个人寻找渡口，如果不上船，就不能过河。如果坐在船上舍不得下船，哪里会有上岸的日子？今天你立志追求光明德性，不下功夫学习就不能见到光明德性。如果一直守着功夫舍不得放弃，哪里会有见到光明德性的道理？所以，知道如何学习，还必须知道适可而止。适可而止，即无为的意思。光明德性本来是现成的，哪里需要另外做什么？哪里需要修证和改造？只要做到不生妄心，便能呈现出最完美的光明德性。《周易》说，只要承认这个光明德性，这就是善。善，是光明德性的属性；至善，是光明德性最圆满无缺的属性。这就像一个人走路，走到路尽头，就没办法再移动脚步，也没法再向前走，自然要停下脚步。如果不在适可而止的地方停下来，又有什么理由停下来呢？应该适可而止却不停下来，怎么能见到最完美的光明德性？

这个光明德性光明通透，就像虚空一样。妄心一动，杂念一起，就背离了这个光明德性。我亲爱世人，救助大众，行善积德，这是我光明德性的本分，不需要另外装模作样地添加什么。遇到机会就奉献，机会消失就作罢。如果不能坚定地相信这就是光明德性，还要攀缘做事、追求效果，这是像做梦一样胡乱作为。让自己心中与生俱来的光明德性光明起来、亲爱世人和万事万物、把道德和生命修养到近乎完美的状态，这其实是同一件事情。当我让自己心中与生俱来的光明德性光明起来时，这不是仅仅想着让光明德性光照自己，而是想着让光明德性光照整个天下。古代的大圣大贤，都因为有着万物一体的仁心而心生同情，因同情而体证到光明德性。所以，一个人心地最真诚、德性最纯粹时，便能和天地万物一起实现德性光明。一个人德性光明，亲爱世人和万事万物，便不会再被各种眼花缭乱的现象迷惑而去追求，或者刻意追求一个无追求。

所以，先要知道适可而止。先知道这个适可而止，然后在适可而止的地方修学。在适可而止的地方修学，这是不需要修学。修学在适可而止的地方，这是把不需要修学当作修学。把不需要修学当作修学，这是整个光明德性在修学。把修学当作不需要修学，这是全部功夫用在光明德性上。大体来说，圣贤学问入门只有两个方法，一个是从光明德性直接开始，一个是从最基础的修学开始。光明德性本不昏暗，遂感遂应光明通透，无须思考就明明白白，无须勉强就正当恰好,这是光明德性的天性。先明白什么是善,然后踏踏实实地用功,最终真正在心上体证到善,这是最基础的修学方法。现在有人认为,修学下功夫必须有所作为,因而千般勤奋、万般辛苦,企图修炼出成就,这是被最基础的修学方法束缚住了。有人认为光明德性是现成的、本有的,于是把放纵平庸的性情作为最高准则,这是被性情束缚住了。这两种修学方法都不是最恰当的。必须先认识光明德性的天性,然后承认和顺应天性,进行最基础的修学,这样才不会错。

第二章 本分做人

　　《中庸》把父子、夫妇、兄弟、君臣、朋友这五种相互之间的和谐关系作为社会普遍使用的法则，它通行于古今天下，人人一生都离不开它。明白这五种关系是大学问，学会运用这五种关系是真本事。这五种关系起源于夫妇关系。《周易》64卦，乾卦和坤卦排在前两位；《诗经》305篇，从《关雎》开始。用仁义之道塑造社会风气的源头和基础就落实在每个家庭每对夫妇的融洽关系上。一个人的光明德性不需要修补，只需要不污染就好。夫妇之间，男欢女爱这种事很容易任情任性，如果能够节制而不放纵，这就离道德不远了。夫妇相处的道理，在这方面要分别清楚，即禁止不正当的男女性关系最为重要。这方面做好了，可以涵养道德，可以培养福德。一定要禁绝这类不正当的事情。

有了夫妇关系后才有父子关系。敬爱父母，这是小孩子首先应该做的。你从小心性纯净，孝敬父母很尽心，但更重要的是把这种孝敬提升到德性光明的高度。如果孝敬父母与追求德性光明的立志不同、学问不同，这种孝敬再纯粹，最终也还是局限于世俗人情意义上的父子关系。现在应当把父母当成严厉的君王，涵养内心真诚的恭敬，如此心中就不会出现怠慢、忽视这样的私心杂念；应该把父母顺心如意当作追求，涵养自己内心真诚的敬爱，在父母面前表现出心情喜悦、笑容可掬。心中常存对父母的敬爱，这就是身心修养片刻不离身，这就是最真实的德性光明。这样服务于一国之君，就是忠臣；这样服侍兄长，就是弟弟敬爱哥哥。在任何时间和任何地方都心存真诚的敬爱，就可以随时随地很神奇地感动一切。

过去杨慈湖跟随陆象山求学，还没有学到真理，就得回家孝养父亲。一天，听到父亲呼叫他的名字时，他恍然大悟。

于是他写了一首诗寄给陆象山，诗中说："忽承父命急趋前，不觉不知造深奥。"这是通过奉养父母而悟通了真理。所以，洒水扫地和待人接物时，可以深入现象悟透本质，这是很实在的事。

有了父子关系后才有兄弟关系。我只生养你一个儿子，你原本没有兄弟。然而在整个家族同辈人中，年龄比你大的就是你的兄长，年龄比你小的就是你的弟弟，你们都是从一个祖宗那里分身出来的。天祐和天与，我既然收养了他们，他们就是你的亲兄弟。

过去浦江有姓郑的一家人，最初只有兄弟两人，还是堂兄弟。其中一人遭遇到死亡的威胁，另一人竭尽全力进行营救，帮助兄弟摆脱了死亡的威胁，大概是在患难中激发出来的真情感动了彼此，兄弟俩因此不忍心分家。兄弟俩的后代一个锅吃饭几百年，几朝皇帝都表彰他们是"天下第一家族"。前人称赞说，他们的福分超过显贵人家。

我们家族人不多，自从我罢官回乡选择在这里安家落户后，族人就都依附过来，住到了周围。我现在就计划在每年各个节日举办家族聚会，除正月初一外，还包括正月十五灯节、三月清明节、五月端午节、六月初六、七月初七、八月中秋、九月重阳节、十月初一、十一月冬至。住得远的，也派人喊他们来，来不来全凭他们的福分。家族聚会不是为了喝酒吃肉，一是怕族人之间产生隔阂，进而情分生疏，不相往来；二是便于有好事时互相说一说，有过错时互相劝一劝。即便平日里谁与谁言语不和，聚会时劝说起来时间上也很充裕，几杯酒就能让他们忘掉彼此的矛盾。你要遵照执行，不要懒惰。

根据血缘关系亲疏而穿戴 5 种不同规格的丧服，这是古代圣王根据人情而设定的礼制。为伯父、叔父服丧 1 年、9 个月、5 个月，凡是这样的丧礼，都不可以废弃。这样做的人家大体上就是礼义之家。兄弟关系生疏，都起因于女人语言挑唆，但凡有一点大丈夫气概，最初也一定不会听从。天天挑唆，时间长了会受到影响，就像羽毛堆积得多了也能把船压沉一样，不是深明大义的人，不能觉察到这种变化。你一定要引以为戒。

古语说，君臣之间的责任和义务，走遍天下也逃避不了。不论做官还是不做官，一个人的主要责任都应当是尊奉君主和报效国家。我们今天能够吃饱穿暖、享受悠闲的乡间生活，这一切都是我们皇帝的恩赐，可不要不知道感恩。将来出去做官，要把不欺瞒朝廷作为根本原则。不欺瞒朝廷，就是忠于朝廷。向皇帝上呈奏疏、陈述意见，被世俗认为有气节，但是陈述的意见必须实实在在地有益于国家和百姓；如果曝光皇帝的过失是为了捞取虚假的名声，这样的破套路，你千万不要去踩。孔子宁愿采用委婉含蓄的方法劝说国君，他考虑问题很深刻。

至于交往朋友，一定要慎重选择。如果交到好朋友，可以一起修炼身心性命，可以一起讲说评判文章，可以一起排忧解难。交朋友时一定要谦虚，要真诚待人。不要以为世道不好，就认为世上很难有好朋友。选择朋友是在选品德，这是至理名言。家里有君子，外面的君子才会来家里。这就像在学馆里评论文章，我首先直言相告，别人一定会直言回报。日常交往，我首先厚待别人，别人一定会厚待我作为回报。我常常惭愧自己不能先帮助别人，而从不担心遇不到贤明的朋友。交朋友最重要的是信任，说话一定要实话实说，做事一定要忠心诚意。宁愿别人辜负我，我也不辜负别人。即便遇到坏朋友欺侮，也要自我反省、自我批评。不要向别人轻易谈论他本人的短处。这是最重要的嘱咐！

父子、夫妇、兄弟、君臣、朋友，形成这五种相互之间的和谐关系依据的是天地运行的规律。与人交往时，不能掺杂丝毫的算计和小聪明，必须真心实意、热情自然，这就叫敦伦。《中庸》说，从培养爱心开始修养自己的道德，说的也是这个意思。过去有一个人自认为忠孝双全，有位禅师对他说："一个人即便把五种人际关系处理得尽善尽美，没有丝毫欠缺，按孔子的标准来评价，这样的人也只是知道这样做（却不知道这样做的道理），这不是圣贤豪杰追求的最根本事业。"当今世上可能有忠臣孝子，如果不明白最根本的道理，最后的结果是，做着忠孝的事却不明白忠孝的道理，忠孝变成了麻木的习惯，却失去了内心的觉知。所以，与人交往时要把立志追求德性光明放在第一位。

孟宗在冬天的竹园里哭出了新笋，王祥袒露胸怀暖化了结冰的河面得到了鲜鱼，新笋和鲜鱼是他们一颗真诚的孝心感召来的。南朝宋时人谢述，跟随哥哥谢纯在江陵生活。谢纯被人杀害，谢述护送哥哥的灵柩返回都城。途中遭遇到大风天气，装运谢纯灵柩的船漂走了，不知道漂到了哪里。谢述坐着小船去寻找。嫂子劝他说："你这一定是有去无回。难道活人一定要和亡人一起去死吗？"谢述大声哭着说："如果兄长的灵柩安全靠岸，那就还需要我为兄长料理后事。如果情况出现意外的变化，我也不想独自活在世上。"谢述迎着大浪出发寻找，发现谢纯的灵柩就要沉没。他号啕大哭，呼唤老天爷帮忙。万幸的是，谢纯的灵柩免遭沉没。大家都认为，这样的结果是谢述赤心精诚感召来的。这就是品行敦厚又知行合一。人际交往的学问若做不到这一步，终究都是假的。如果装模作样，即便讲究礼貌、客套应酬，也只会让人觉得都是虚情假意罢了。

第三章　尊重老师

孩子长到 10 岁到外面跟着老师学习,这是礼制规定的。对待老师有一套常用的礼仪,不可以不学习。

1. 每天早上要早早起床。在古代,公鸡一打鸣,子女就要洗脸漱口,快步走到父母跟前问安。你从小娇生惯养,即便做不到鸡一叫就起床,也不能起得太晚,不能老师已经起床了,你还没有出门。

2. 拜见老师走到门外时,要轻轻咳嗽一声,不要仓促地突然进门。

3. 早上进入房间,要向老师问早安。

4. 老师有什么需要，应该按照老师的吩咐经办供应。

5. 饮食茶水，要嘱咐仆人及时供应送达。送晚了要催促，遇到仆人送茶饭，要亲眼察看，然后亲手敬送给老师。

6. 无论老师讲什么，都要虚心听。老师讲书时，要仔细分辨每一个字；老师讲课时，要放弃自己的见识，听从老师的讲解，不要坚守自己的见识而轻视怠慢老师。

7. 远远看见老师来了，要立即起身。老师到了跟前，要弓身站立，拱手行礼，一定要心存恭敬。跟随老师外出时，不要践踏老师的影子。

8. 老师有时候指责不当，要默默地顺从地接受，不要争辩。

9. 不要关注老师的过失，有人说老师的过失时，要做解释说明，为老师掩饰。

10. 晚上要安排仆人提前为老师整理床铺，有时候要亲自察看整理情况。老师睡下后，要绕着床看看，为老师掖盖好被子。过去林子仁考上进士后，拜王心斋为师，还亲手为老师端夜壶，完全遵照弟子的礼数侍候老师。最近冯开之也吩咐儿子为老师端夜壶。这些都是前辈的美好品行，可以学习。

以这样的态度对待老师，完全是为了虚心求学。如果在任何地方都能做到虚心求学，就能做到孔子所说的，只要有三个人在一起，就一定有值得我学习的老师。如果固执己见、自以为是，即便与圣人住在一起，也不能让自己受益。

舜善于请教，善于从最浅显的话语中分辨出有益的道理。当时的人，难道还有比舜更智慧、更文明的吗？如果请教问题能做到不遗漏割草砍柴的人，那么每个人都可以做我的老师；如果学习道理能做到不遗漏最浅显的话语，那么每句话都是最好的教育。

你如果能做到知道了却像不知道一样，有学问却像没学问一样，就能学到世人的所有优点，就能让世人都做你的老师，这才是圣贤君子的家法。

第四章　亲爱大众

不仅要亲近贤良的人，还应当亲爱所有的人，这是儒家子弟的职分。亲爱所有的人，这本来就是我们儒家的实际学问，因此所有的人都应当敬爱。孟子说，有爱心的人爱别人，懂礼义的人敬别人。爱别人，不是挑选好人去爱，有爱心的人，没有人不可爱。善人当然应该爱，恶人也应该爱。真爱之心如流水，不管干净地方还是污秽地方，爱心洒向周围一切地方，这就叫大爱无疆。

天启问，既然这样，为什么还说大德大贤可以厌恶别人呢？

了凡答，人人都是我的兄弟姐妹。圣贤初心中只有亲爱没有厌恶，只有人群中出现伤害别人、残害我万物一体的仁心的恶人时，才厌恶这样的恶人。这是为了千万人的利益而厌恶，不是因为自己的私情而厌恶。驱逐一个人而能保护千万人的安全，我为什么不驱逐？杀掉一个人而能让千万人惧以为戒，我为什么不杀掉？所以，对恶人不管是流放还是诛杀，我心中流淌的完全是悲悯同情，都是亲人、爱人之情，这也只有大德大贤才能这样，不是大德大贤做不到。明白这个道理，纵然遭遇恶人欺侮，也仍然丝毫干扰不了我的仁爱之心。

遭遇欺侮时，孟子要求从仁义、礼义和忠义三方面自我反省的说法，最应该深刻地品味。如果能够真诚地自我反省，与别人的关系即便处理得非常周到，哪里就敢自以为自己仁义，哪里就敢自以为自己真懂礼义，哪里就敢自以为自己很忠义？恶人越欺侮我，我越用反省修炼自己。不求恶人减轻对我的欺侮，不求我这样做具体有什么成效，这就是，一生只担忧自己的道德有没有进步。这样做的好处：

1. 可以消磨我愤愤不平的脾气，让心性平和而包容。

2.可以反省纠正我不易察觉的过失,把心性磨炼得精粹而通透。

3.可以激发我对上天成全的感恩心,进而消灾免祸、增福长慧。

你今后与人交往,遇到好人,要像尊敬老师尊长一样尊敬他们,他们任何有益的话、任何优点,你都要记录下来、铭记在心,一心想着向他们看齐,不做到和他们一样决不罢休。遇到恶人,千万不要厌恶,而要心中默默反省:"这样的错误言论、这样的错误行为,我就能保证自己没有吗?"还要知道,世道不好,长久以来民心散乱,说错话、做错事,人们已经习以为常,对此不仅不能从说话中表现出厌恶,心中也不要产生厌恶。你只要自己正直做人、正确做事,恶人就离你远了,善人就会主动来亲近你。你父亲我德性浅薄,但是我能包容,有人冒犯我,我不去计较,也不会记在心里。你应当学习这样做。

《周易》说,大地像母亲一样生养万物,君子要用大地一样宽厚的道德承载万物。持守这样的道德不让它倾斜,托举这样的道德不让它坠落,面临任何践踏考验都丝毫不动心,能做到这样，就叫承载万物。现在的人即便是骨肉同胞，稍微违背他的心意，他就躁动不已，这怎么能承载万物！

《中庸》也说，道德广阔而深厚，因而可以承载万物；道德高远而明智，因而可以庇护万物。君子只担心自己的道德不够广阔、深厚，不够高远、明智。必须拓宽我们的心胸，扩大我们的心量。如果听到有人指责就生气，看见恶人恶事就难以容忍，这是心胸狭隘。心中有话语忍不住，身上有才智藏不住，这是浅薄。应努力促使自己知识渊博，努力促使自己学识深厚。天下所有人和我是一个整体，我应该承担起让他们成为德性光明的人的责任。承载万物是我的本分。不被表面现象迷惑则心胸高远，不被自私自利蒙蔽则心明眼亮。如果我心胸高远、明智，自然能够不拒绝一物而包容万物，自然能够不遗漏一物而庇护万物。这都是我们的本分之事，不是什么稀奇古怪的事。你对待任何人，都要想到包容和庇护，心中不要存留丝毫的怠慢和忽视，不要升起丝毫的算计和得失，这样做，道德自然一天比一天广阔、深厚、高远、明智。

《周易》说，君子能够通达天下人的志向。古时候，子张向孔子请教通达的含义，他这样问的目的就是想通达天下人的志向。孔子告诉他通达的含义是，质朴坦率又富有正义感，倾听别人说话又关注别人的表情，总是考虑如何谦虚待人。大多数情况下，与人交往时，言语华丽容易招致嫉妒，朴实自然则显得平易近人，藏着掖着让人怀疑猜忌，正直坦率让人产生信任。做人以朴实正直最重要。坦荡平正、真诚务实，又热心做正义的事业，这样的人谁不喜欢呢？

然而做事时只能竭尽自己的全力，而不要与世俗同流合污。如果别人不接受我而我竟然觉察不到，自以为是而不感觉到羞耻，这怎么能行呢？因此又必须会分辨别人的言语，会观察别人的表情。总是担心自己得罪别人，总是考虑如何谦虚待人，这些就是最真实有用的学问。亲爱众人的方法，全在于舍弃自己的成见，随顺众人的志向；全在于平等对待众人；全在于通达众人的志向而慢慢地熏染、浸润众人，让众人的身心气质随着我的身心气质而逐渐变化。这些地方，哪里能草率地读过去！

与众人相处的原则是，自己要做的只需谦虚谨慎，对待别人只能仁爱包容，这样的做人原则可以坚持一辈子。与两个人同时交往时，千万不要与一个人谈论另一个人的缺点。人有缺点，谈论缺点时要当面谈，谈论前心中哪怕酝酿出十分的诚意，这时也只能说出二三分的意思。如果心中的诚意不到十分，就要回来自我反省。平时说话，如果想面对甲某谈论乙某，一定要让乙某也能听到，这时才可以谈论，否则，就违反了挑拨离间的禁忌。

要让年长的人安心，让朋友信任，让年少的人得到关心。全天下也只有这三种人。比你年龄大的都是年长的人。《曲礼》说，年龄比我大一倍，我把他当父亲对待；年龄比我大10岁，我把他当兄长对待；年龄比我大5岁，我们一起走路时，我要稍微侧后一些身位。《曲礼》又说，见到与父亲一辈的人，他不让我进前，我不进前；他不让我退下，我不退下；他不问话，我不答话。《曲礼》还说，跟随与父亲同龄的人，行李轻的话，我合在一起拿，行李重的话，我替他分担一些。谦卑温顺，目的是让年长的人安心，不让他们担心；服侍奉养，目的是让年长的人安身，不让他们奔走操劳。这些都要细心体会，认真践行。同辈人都应该当朋友对待，虽然朋友之中有近有远、有善有恶，但是对他们都要真诚。年龄比你小的，这些年少的人，要经常用恩惠去关心他们。管理仆人、对待佣工，他们偶尔犯错，你不要怒形于色，也不要恶言恶语地辱骂他们，一定要态度平和、有礼有节地教育开导他们。言语教育后还不改正，就用棍棒教育他们。责打时，你必须让自己不带一点情绪。他们真正得到教育，这样的责罚才没有被虚用。《尚书》说，不要恨愚蠢无知的人。他即便蠢到十分，如果我有一丝一毫愤恨，那么过错就在我身上，这样的话，我怎么能让人信服呢？因此，在惩戒愚蠢的人之前，先要平复自己的愤怒。这都是关心年少人的原则，一定要记住。

第五章　德业双修

提升道德修养和做好工作事业，这本来就不是两件事。读书人有科举考试这个事业，做官的有做官的职业，人在家要经营家业，农民要从事农业生产，无论在哪里都有事业要做。修养道德的日常功夫，要体现在工作事业中。会修养的人，经营的各种谋生产业都不会违背天理良心；不会修养的人，干啥都会违背天理良心。你现在在学馆学习，要把读书作文作为自己的事业。

做好工作事业有 10 个要点：

1. 化解生理性和心理性的欲望。要让心胸豁达起来，不染一尘。真正立定要做圣贤的志向后，才可以反复诵读学习圣贤经典，写文章时才能发挥出圣贤的真精神。

2. 要学会静。（不能）静分几种情况：身体喜好走动，甚至没事时也要乱走，这是脚不能静；喜好大呼小叫着下棋赌博，这是手不能静；心情放逸，任情任性，胡思乱想，这是意不能静。要坚决杜绝这些。

3. 要信任圣贤经典。圣贤经典都是为了教化人而创作的，要坚信它的字字句句都可以作为行动指南。经典中有一些拖泥带水、造作拘泥的语言，那都是治疗在修养过程中出现的各种病症的方法。如果没有出现这些病症，那么各种治疗方法都可以舍弃，但是不要因此怀疑经典。进入德性光明的门槛，信任是第一步。如果怀疑自己做不了圣贤，甘愿自降身份，或者怀疑圣人的话不真实，不肯遵照践行，这样的话，不论做什么工作事业，都不会有好处。

4. 要专注。读书学习一定要制订课程计划，勤勤恳恳，坚持不懈，全心全意追求真实效果。作文时要聚精会神，不要被杂事干扰。与读书作文无关的一切事情，都要杜绝。不要热衷于那些消耗精神的雕虫小技，不要阅读那些分散精神的闲散图书。

5.要勤奋。自强不息是天地运行的规律，人要效法天地这种精神，不让懒惰气息存留、阻塞在身体中。白天要淬炼精神，每天都要有显著的进步；夜晚要减少昏睡，让志气经常保持清醒。周公看重的是不贪图享乐，大禹珍惜每一寸光阴。（他们是圣人尚且如此）我们是什么样的人，怎么可以松懈？

6.要持之以恒。现在的人干事业，勤奋的人常有，持之以恒的人不多见。勤奋而不能持之以恒，这等于不勤奋。细细的水流可以通达大海，方寸的幼芽可以长成参天大树，这得益于它们自强不息的品质。如果你能持之以恒，那么多高的高度不能达到！多坚固的东西不能打破！

7.每天都要有进步。人做事业，每天都要制订功课日程。比如，今天读这本书明白了许多道理，明天再读这本书，发现明白的道理不一样，这才是真受益。今天写这篇文章，自己认为已经写得很好了，明天再看，发现有许多不足之处，这才是真进步。比如，蘧伯玉20岁时发现错误就改正错误，21岁时回头一看，改正过的错误并没有彻底改正。一直到50岁时，还能发现49岁时的错误。这真是一位能够少犯错误的君子。读书、作文与做人、做事的道理本来就无穷无尽，精益求精本来就没办法停下前进的脚步。古人把读书比喻为扫除灰尘，扫去一层灰尘，又有一层灰尘。又有人说，每次手指一拈，翻开一页，就又发现了新的道理。这是实实在在的话呀。

8. 要做到真正的身临其境。读经典时态度要庄重，就像圣贤真在讲台上，在面对面地教学一样，书中有提问，那是我在请教；书中有答复，那是圣贤在答复我。书中字字句句都要消化在自己身心中，不要当成空话。作文也是把自己的身心体会用口说出来，就像自己家里人说自己家里的事，这样作文才亲切有味。

9. 要精益求精。管子说："思考，思考，再重复思考。这样还想不通的话，鬼神也要帮助你想通。这不是鬼神的力量，而是精益求精后的豁然贯通。"《吕氏春秋》记载，孔丘、墨翟白天读书学习，夜晚梦见周文王、周公父子降临，而当面请教他们。这是孔丘和墨翟专心致志、精益求精的学习效果。《唐史》记载，赵璧弹奏五弦琵琶弹得好，有人问他怎么能弹得这么好，赵璧说："我弹奏五弦琵琶，最初是用心灵弹奏琵琶，中间变成用神明弹奏琵琶，最后变成用天性弹奏琵琶。这时候，我心胸廓然大公，万物一体，眼睛和耳朵一样可以听，耳朵和鼻子一样可以闻，不知道是琵琶是赵璧呀，还是赵璧是琵琶。"学习的人学到这个境界，才可以说精益求精。

10. 要学会用真心体会。立志实现德性光明，做人依据光明德性，做事以仁爱为出发点，已经可以了，还要说"熟练掌握各种知识技能"，这是为什么呢？各种知识技能的本质是一样的，沉溺于各种知识技能而看不透它们的本质，只会浪费精神。掌握各种知识技能而看透它们的本质，就超越了纷杂的世界万象，进而实现自己的身心性命与世界万象统一为一个整体（万物一体）。

过去孔子跟着师襄学抚琴，接连五天不学新内容。师襄说："可以学新内容了。"孔子说："我掌握了如何发声，还没有掌握旋律。"又过了五天，孔子说："我掌握了旋律，还没有明白其中的道理。"又过了五天，孔子说："我明白了这首曲子的道理，还没有认识这首曲子要表现的人物。"又过了五天，孔子说："我认识这首曲子要表现的人物了。这位主人公身材高大，面目黝黑，目光高远，胸怀天下。他是周文王吧？"

师襄起身离开座位,向孔子施礼说:"这首曲子正是周文王的《文王操》。"琴,这是一个小物件,孔子通过抚琴认识了琴曲中要表现的人物,穿越一千年与周文王面对面相见,这是孔子用真心体会到的境界。

现在吟唱圣贤的诗、读诵圣贤的书,不认识圣贤,可以吗?学习到了这一步,才会知道掌握各种技能的好处,才会知道经办各种具体事务并不妨碍道德修养。

第六章　尊崇礼义

　　那么多隆重的礼仪活动，那么多庄重的礼节规范，这都是儒家需要实实在在践行的事情。儒家教育衰败了很长时间，许多礼仪荒废了。程颢先生见到僧人集体用餐时井然有序，感叹道："上古三代圣贤时期的庄严礼仪都在这里呀！"

　　我晚年才有了你，爱你、宠你、娇惯你，没有用严格的规矩约束你。现在你长大成人，要用礼仪约束自己。大的礼仪有成人礼、婚礼、丧礼、祭祀等，《仪礼》和儒家前辈编著的《家礼》等书，你可以参照执行。我根据日常需要选择重要的列出几条，你一定要严格遵守：

第一，如何看；第二，如何听；第三，如何行走；第四，如何站立；第五，如何坐；第六，如何躺；第七，如何说话；第八，如何笑；第九，如何洒水扫地；第十，如何与人对话；第十一，如何行礼；第十二，如何给出和接受；第十三，如何吃饭；第十四，如何擤鼻涕和吐痰；第十五，如何上厕所。

孔子教育弟子颜回，违背礼义的事不看、不听、不说、不动，其中"看"被排在首位。孟子见一个人时先观察他的眼睛。所以，看人时的礼节不能忽视。斜着眼看人的人奸猾，因此不要斜着眼看人；眼睛直勾勾地盯住人看的人愚蠢，因此不要眼睛直勾勾地盯住人看；眼睛习惯性上翻的人高傲，因此不要眼睛上翻着看人；眼睛习惯性地向下看的人阴深，因此不要眼睛向下看人。《礼经》教人的礼仪是：面对尊长时，视线放在对方的衣带上；面对地位低于自己的人时，视线放在对方的胸部。这都有礼仪规范。遇到女性，不要盯着看；遇到别人的书信，不要偷看。总之，一切不合礼法的，都不要去看。

听人说话时，要详细分辨说话人想表达的意思，不能轻率下结论。《论语》说，听人说话，要听明白。听老师讲课或者讲道理，每个人根据自己理解的深浅而收获不一。理解肤浅的人收获皮毛，理解深刻的人才能得到精髓。怎么可以不听明白呢？如今的人听人说话，还没等别人说完话就急着发表自己的见解，这是非常粗暴和草率的行为。听人说话时，不能伸着头，不能侧着耳朵，也不可以靠着墙、倚着门。两三个人一起说话时，不要偷听别人之间的是非纠纷。

　　走路，要认清先后路线。从抬脚起步开始，就要用心觉知每一步。不要走得太快，也不要走得太慢。不要疯狂地奔跑，不要摇摆着两手走路，不要蹦蹦跳跳地走路。不要踩在门槛上，不要与人搂着、搭着肩膀走路。不要嘴里嚼着吃食走路，走路时不要左顾右盼、前瞅后瞻自己的影子。不要与喝醉的人、疯狂的人前后随行。小心防备飞快的车子和奔跑的马匹，等它们过去了再走。路上遇到老人、病人、盲人、驮运重物的、骑马骑驴的，要立即避让到路边，让他们先走。路上遇到亲戚中的长辈，要立即避让在下位，恭敬地站立等候，让他先走，也可以提前主动行礼。

　　站立，要站在该站的地方，体态端正。古人说，站立时要像祭祀时一样恭身肃穆，衣襟前后要整齐，左右要像用刀切过一样，没有任何倾斜。不能站在门口正中间，不能与人手拉手站在大路中间。站立时，不要把手叉在腰间，不要倚靠什么东西。

坐下时，心态要恭敬，身体要端正，要像奠基石一样稳重，要像枯木一样稳定。古人说，坐着时要像祠堂里的神像一样。不要斜着身子坐，不要两腿像簸箕一样张开着坐，不要跷着二郎腿坐。坐着时，不要摇晃膝盖，不要小腿交叉，不要晃动身子。

躺卧，合上眼睛前先净净心，扫除心中的杂念，内心清明时再睡。这样会睡得安静舒服，不至于神气散乱。睡觉时合上嘴唇稳定气息，调匀呼吸安定心神。睡觉时不要一直伸着两条腿，不要一直仰卧着，就是说，不要像死人一样直挺挺的。睡觉时也不要趴着睡。古人的睡姿大都是右胁向下、曲起双腿。

宋代的一位儒学修学者说："高声大嗓地哪怕只说一句话，也是罪过。"一个人说话，要永远像在父母身旁一样，气息沉稳，声音柔和。说话要根据需要才说，要虚心应答，该说时才说，该沉默时就沉默。说话时一定要真诚，这就是说话谨慎、值得信任。说话要坦率真诚,不能含含糊糊,让人听不懂。不要恶言恶语,不要搬弄是非,不要大话连篇,不要花言巧语。一定要禁戒这些。

每一次皱眉,每一次发笑,都要慎重。不能大声狂笑,不能无故冷笑。笑的时候不能张大喉咙,不能露出牙齿。凡是打哈欠或者大笑时,一定要用手遮掩着嘴巴。

打扫卫生本来就是青少年应该做的,有十个注意事项:

1. 打扫前先把门帘卷上去,如果屋子里有圣人像,还要放下布帘遮挡住圣人像。

2. 洒水时要洒均匀,不要有的地方洒多了,有的地方洒少了。

3. 洒水时防止把水溅到四面墙上。

4. 不要踩踏刚洒过水的湿地面。

5. 挥动扫帚时动作要轻重适中。

6. 扫地时要顺着一个方向扫。

7. 要打扫干净每一个地方。

8. 收拾垃圾时要把簸箕口朝向自己。

9. 不要存留垃圾,要把垃圾分类扔掉。

10. 擦干净桌椅板凳。

回答别人问话时要注意礼节，要心平气和。不能听到喊你而你却不答应，不能大声喊你而你却小声回应，不能一乍一乍地怪声回应，不能不情不愿地愤怒回应，不能隔着屋子大呼小叫地回应。拜见尊长时，尊长会问到你的来历，有的直接问，有的泛泛地问，有的试探性地问。要明白他们问话的意图，有的应该回答，有的不宜回答。

古代王述有愚痴的名声，王导召见他，要提拔他做个小官。一见面，王导只问王述江东的大米多少钱一斤。王述睁大眼睛，闭口不答。王导对别人说："王述不蠢。"这是不应该回答所以不回答。

若问到前辈人物，千万不要直接称呼其名字和别号。比如，马永卿拜见司马温公时被问道："刘安世日子过得平安吗？"马永卿回答："刘学士健康平安。"司马温公很喜欢这样的回答，说："晚辈不称呼前辈的名字，这样说话非常得体。"这些细节，在应对问话时都应该知道。

作揖礼拜时两脚先并齐，两手交叉端在胸前，然后作揖谦让。腰不要弯得太深，也不要弯得太浅。作揖时不能往后瞧和左顾右盼。跪拜时左膝先跪，右膝后跪。跪拜结束起身时，先起右脚，再两手拄在右膝上起来。古代有九拜的礼仪，今人已经不熟悉了。遇到长辈，不要自己站在上位朝下位行礼。发现长辈用餐还没结束，这个时候不要行礼。如果长辈特意盼咐免礼，不要勉强行礼。如果地方狭窄，长辈不方便回礼，要从容地简化礼仪。

把物品拿给人时，物品的朝向有规矩。比如，递刀剑给人时，刀刃要朝向自己。递笔墨给人时，要把把手处朝向别人。《曲礼》规定，向人敬献鸟时，要拂按住鸟头（防止鸟啄人）；敬献车马时，只拿着马鞭和车上的拉手（代表车马）；敬献盔甲时，只拿着头盔（代表全套盔甲）；敬献手杖时，要拿着手杖尾部；敬献俘虏时，要用手抓住俘虏的右衣襟；敬献谷子时，要拿着礼单的右侧；敬献稻子时，要拿着量器做代表；敬献熟食时，要拿着调味的酱料做代表；敬献田地和房屋时，要拿着田契和房契做代表。把一张弓送人时，如果是带弦的，要把弦朝向对方；如果是不带弦的，要把弓背朝向对方；要自己右手握住弓梢，左手托住弓的把手处。不管地位高低，双方互相行礼时，鞠躬的深浅都以佩巾垂落到地面为标准。如果主人要跪着接受弓，客人要撤开身子避让跪拜大礼。主人亲手接受弓时，要从客人的左手上接过来弓的把手处，与客人并排站立，然后接过整张弓。敬献宝剑时，要把宝剑的剑柄朝向左面。敬献戈时，要把戈的把手处朝向前面，让锋刃朝后。敬献矛戟时，要把把手处朝前。递送凳子和手杖时，要擦拂干净。赠马送羊时，要用右手牵着。赠送狗时，要用左手牵着（右手随时防护）。送鸟时，要把鸟拿在左边。送羊羔和大雁时，要用布遮盖住它们的头。接受珠宝玉器时，要用两手捧着。接受弓箭时，要用衣襟托住。用玉杯饮酒时，不要挥动玉杯。凡是用弓、剑、鱼肉、熟食当礼物慰问人时，都要拿着这些礼物听从主人的吩咐，神态要庄严得像奉命出访的大使一样。这一段要好好记住。

接受别人的礼物，最应该慎重。接受礼物时，要把空的当成满的来接、把轻的当成重的来拿，这一点不能忽视。

给洗澡的长辈递浴巾也有五个注意事项：

1. 递浴巾前要先抖一抖。

2. 要用双手托着浴巾的两头。

3. 不要离得太近或太远，最好隔二尺左右。

4.在冬季时用两手展开浴巾，先靠近火炉把浴巾烤暖和再递。

5.长辈用过浴巾后，要放回常放的位置。

其他各项事务，都要照此办理。

饮食是日常需要，不要挑肥拣瘦，不要贪吃自己喜欢的、香的、甜的、松脆可口的，吃多了伤胃。饮食简单清淡，可以安定心神，所以要有节制饮食的意识。不要仰着脸吃饭，不要弯着腰吃饭。和人一起吃饭时，不要只顾自己挑好吃的。陪客人吃饭，客人没吃时，自己不要先吃；客人吃完了，自己不要滞后。不要急着吞咽，不要塞得满口都是吃食，不要掉落饭菜糟蹋食物。吃饭时不能牛气，不能抽鼻子表示厌恶。咀嚼时不要发出声音，吃饭时不要和别人说话。把嘴凑近饭菜，失礼的地方在贪吃；把食物举在嘴边，失礼的地方在傲慢。这些都要引以为戒。吃罢饭漱口时，声音不要太大，以免惹人心烦。

擤鼻涕、吐口水，这是生理上的正常现象，忍不住时不要强忍，但也不要频繁地擤鼻涕、吐口水。忍不住时，需要考虑妥当的处理办法。不要对着客人擤鼻涕、吐口水，不要在客厅里擤鼻涕、吐口水，不要对着人家斋戒养心的房间擤鼻涕、吐口水，不要对着房屋墙壁擤鼻涕、吐口水，不要在大路中间往干净的路面擤鼻涕、吐口水，不要往活着的花草上擤鼻涕、吐口水，不要对着溪流、泉水等流动的水面擤鼻涕、吐口水。擤鼻涕、吐口水时要找一个隐蔽又偏僻的地方，不要让人看见。

上厕所也有十个注意事项：

1. 需要上厕所时就去，去时不要慌慌张张，不要左顾右盼。

2. 如果厕所里有人，要等一会儿，不要故意发出声响催促人。

3. 把衣裳提高一些再进厕所。

4. 进厕所时轻微咳嗽一声。

5. 在厕所里不要与人说说笑笑。

6. 不要在厕所里擤鼻涕、吐痰。

7. 不要在厕所墙上、地上乱写乱画。

8. 不要频繁地低头往蹲坑里看。

9. 不要弄脏蹲坑的边沿。

10.解手后要洗手，洗过手才可以拿东西。

以上这些礼仪规范，只是人生礼仪的大概情况。你真想用心学习践行，三千条礼仪也可以据此类推出来。智慧只能帮助你学会它，仁爱才能帮助你遵守落实它。这样的话，做人的根本就能正确地确立。然后，行礼时心态必须庄重，动作必须遵守规范，这才算尽善尽美。因此说，日常礼节虽然细微琐碎，但是礼义精神发扬光大后，可以生养万物，可以上达天道。不要认为它们微不足道而忽视它们。

第七章　祭祀祖宗

伊川先生说："豺獭这些动物都知道祭祀报答祖宗，读书做官的人竟然忽视祭祀报答祖宗。只重视孝养在世的长辈却忽视祭祀报答去世的祖宗，这怎么可以呢？"甘泉先生说："祭祀祖宗，是继续孝养祖宗。祖父母去世，子孙没办法继续孝养，因此通过春秋两次祭祀表达继承祖父母遗志、继续孝养他们的孝心。孝敬祖宗的神灵，甚至应超过孝敬他们在世的时候。所以，祭祀前在生活上要持守七天的禁戒，还要静心三天，这样才敢盼望祖宗的神灵降临。不这样做，虽然祭品丰盛，祖宗却不会来享用。"

看到两位先生这样说，我们可以忽视祭祀祖宗吗？祭祀祖宗的古代礼仪荒废很久了，现在就从我们这里开始恢复吧。每次遇到祭祀的日子，要提前十天搬到安静的房间，不饮酒，不吃荤腥，先按宽松的标准清静七天。日夜涵养，让自己的德性越发光明，然后不说话，不玩笑，聚精会神，再按严格的标准清静三天。如果有客人上门，就让仆人实话实说。如果家族中有人也愿意这样做，就与他们一起虔诚地祭祀祖宗、怀念祖宗，这也是修养品德的重要内容。我儿一定要照这样祭祀祖宗并一代代传承下去，不要认为这样做显得迂腐。

祭祀祖宗的当天，更需要诚心诚意、谨慎恭敬，每个细节都要遵守礼仪。在祠堂里不要睁大眼睛（目的是静心），不要松懈怠慢。我在宝坻做知县时，每次祭祀都竭尽赤诚，每次祷祝没有不灵验的。人与上天交际时，真的很微妙呀！

每年春秋两次祭祀都安排在每季的第二个月，要选好日子。祭祀当天，要早早起床，穿戴整齐，到祠堂参拜时禀告祖宗，然后按照次序把神主牌位供奉到正厅。牌位供奉要一一遵照《朱子家礼》上的规定。始祖牌位坐北朝南，二世祖、四世祖牌位坐东朝西，三世祖、五世祖牌位坐西朝东。

每一辈祖宗一个席位，同辈的牌位按长幼次序附在后面摆放。附在同辈后面的神主，祭品减半供奉。供奉在上位的左昭右穆牌位，东西错位相对，不能正对着。供奉在下位的左昭右穆牌位，稍微后撤摆放（上下前后呈扇形），两块牌位错位相对，也不能正对着。不同辈的神主牌位，只按供奉位置的上下分尊卑，不按尊卑分左昭右穆。

平常各个节日就在家庙祭祀祖宗。时令新鲜食物虽然微不足道，但不献祭祖宗，子孙也不要先吃。

第八章　经营家庭

经营家庭，要把修养道德放在第一位。道德说起来好像没有头绪，那就在日常生活中修养。一天这样修养，以后天天坚持这样修养，只要不偷懒、不松懈，就每天都会有进步。就这样修养道德。我试着给你说个大概。比如要做一件事，必须先考虑做这件事不能违背道理，不能损害道德，然后才可以做。比如要说一句话，必须先考虑说这句话不能违背道理，不能损害道德，然后才可以说。考虑清楚再说话，计划周密再行动。观察一件事、听人一句话，怎么看、怎么听、怎么判断、怎么发言，都不能马马虎虎，还要每个细节都考虑周到，每件事情都能灵活处理。遇到不顺心时，关上门，一个人好好检讨，自我反省，自我批评。这样做，用不着发威，家庭气氛也会肃穆庄严。古人说，修养道德是经营家庭的根本，能是空话吗？

修养道德重要，管理家仆同样重要。从众多仆人中挑选一个做事稳重、忠诚可靠的人当管家，充分信任他，用高薪养着他。其余仆人，也不要让他们吃闲饭不做事，看看他们能做什么就安排做什么。每个仆人都要有自己专门做的事。种田、看仓库、划船、赶车、器具管理维修等，都要安排专人负责。制定出规矩，经常检查，勤快的，该赏就赏；懒惰的，该罚就罚。这样的话，事省一半，成效能增长一倍。十分顽固又十分愚蠢，这在女婢男仆中是常有的，必须反反复复地教育开导，对他们不能要求太高。即便他们做得不够好，也要本着隐恶扬善的原则，宽厚地对待他们。心中升起哪怕一丝有损爱心的念头，都会严重伤害君子的人格。我生来不喜欢责罚人，因此家里鞭打之类的体罚经常不用，大小仆人偷懒的多。你要适当地动用体罚，激励仆人振作精神。

要想经营好家庭，不是用体罚约束，就是用礼仪规范。

体罚约束与礼仪规范效果不一样：

体罚激发、积累人心中的仇恨和刻薄，礼仪触发、培养人心中的和气和忠厚，这是其一。

体罚只能用在错误发生之后，礼仪可以防范错误的发生，这是其二。

体罚只能打痛人的皮肉，礼仪能够打动人的内心，这是其三。

你若一言一行都能够遵守礼义，以身作则，这就是最好的办法。万不得已用到体罚，心中要存养深刻的悲悯与同情，明白地告诉他们错在哪里，让他们知道如何改正。千万不要轻易骂人，也不要生气对人发怒。即便遇到鸡狗这种无知的动物，也要用一视同仁的慈悲心对待它们，不要用棍棒驱赶它们，不要扔砖头打砸它们，也不要当着客人的面大声呵斥它们。我们家已经很长时间不杀生了，这是很好的事，你要遵守。

每个人都有自己的身体，每个身体都有自己的家。佛家有出家这个说法，这只是一个启发人开启智慧的灵活方法。家庭怎么会拖累人呢，是自己的私心拖累自己罢了。世人只认定身体是自己的，只认定家庭是自己存身的地方，心胸小，私心重，欲望无穷。不只穷人为了吃饭穿衣而奔波劳累，富人天天追逐名利也得不到清闲自在，这很可惜！必须把自己的身体和家庭放到天地间，以万物一体的心胸去看待，不自私自利，不患得患失，不放纵自己的欲望，贫穷时粗茶淡饭要与大家一起吃饱，富贵时华贵的车马和锦绣的衣服要与大家共同享用。

最近陆氏父子捐资设立公益性的仓库，他们的做法很好，我们也要像他们那样做。田租收入留够自家吃用，其余不管多少，全部拿出来帮助乡亲救急。请一位品行好、做事公正的人主持这件事。陆家不允许自家子孙侵占使用，我们不这样做。我们家里自己没有另外储蓄粮食，公益性仓库的储粮可以对外救济乡民，对内自家食用，君子本来就不分你我。只要需要，就拿来用，但是不能用得太多亏了本。自家用也要报告仓库保管，应该怎么用要听从保管安排，不能私自做主偷偷取用。

下编 庭帷杂录

《庭帏杂录》序

作为孙子辈，我出生得晚，没有机会孝养我爷爷参坡先生和我奶奶李孺人。阅读我父亲和几位伯父、叔父记录的《庭帏杂录》，我没有一次不被惊讶得说不出话，而在警惕中心生畏惧，又在惶恐中振作精神。

开天辟地以来，人类繁衍生息，只有丹朱和商均两个人被称为不肖子孙，什么原因呢？因为尧舜两位圣人的道德至高无上，丹朱作为尧的儿子，商均作为舜的儿子，这两个儿子做不到他们的父亲那样。因此，当普通大众的子孙容易，当圣贤的子孙难呀。《礼记》中说，周文王无忧无虑，难道是他从父亲那里继承了什么秘诀又可以顺利地托付给儿子，才无忧无虑吗？实际上，周文王本该忧虑却没去忧虑。父亲是大贤，作为儿子，周文王哪怕有一丝一毫不像他父亲，就会损害家庭声誉；儿子是圣贤，作为父亲，周文王哪怕出一言一行的差错，就难做到以身作则。

《礼记》又说，父亲开创出的政治、文化、道德事业传承给周文王，周文王作为儿子一定会继承下来。《礼记》还说，作为儿子，周文王继承父亲的政治、文化、道德事业时，一定会做出创新性的发展。只有周文王一生的政治、文化、道德事业完全合乎天道，他才能无忧无虑，终生没有任何遗憾。否则的话，蔡叔有周文王这样的圣贤父亲，有蔡仲这样的好儿子，他（不好好做人做事）难道就能避免人生的忧虑吗？

当年，我爷爷是什么样的人？我伯父和叔父是什么样的人？我父亲又是什么样的人？当他们的儿孙，可以松懈吗？

听我父亲说，我爷爷学识渊博，没有什么书是他不看的。爷爷特别用心于医学和医术，用治病救人觉悟大众。爷爷在诊脉中觉察到病人心中欲望炽盛，就劝谕病人要心性淡泊、生活清淡；在诊脉中觉察到病人心中愤愤不平，就劝谕病人宽坦心胸、涵养和气；在诊脉中觉察到病人心中浮躁不安，就劝谕病人收敛心性、凝聚精神。爷爷看病、治病、劝谕病人时，引经据典，有根有据，合理合情，听他劝谕的人没有不醒悟的。爷爷在家中指点儿孙，即便临时随意的几句话，都值得记录到笔记本上，时常拿出来读一读。

伯父春谷先生最早记录爷爷的语录，用来对照反省自己。后来二伯父、三伯父、五叔父争先恐后地学大伯父记录爷爷的语录。他们这样先后记录了20多卷。倭寇多次祸害嘉善后，记录的内容存下来的不多了。我父亲担心记录的爷爷语录失传，就把保存下来的记录编辑整理，分为上下两卷，交给人刻版印刷成书。

我爷爷奶奶心性微妙的地方，不能全部体现在这两卷语录中。爷爷奶奶一生的高风亮节，也不能全部体现在这两卷语录中。然而，善于观察的人，品尝一块肉就可以知道一锅肉的滋味。

遵照父亲的嘱咐，我尽心尽力、小心谨慎地在前面写下这篇序，用来勉励自己。

万历丁酉九月初一吉日

孙子袁天启恭敬书写

第一章　大哥的记录

有记载说:"孔子家的儿女不会骂人,曾子家的儿女不会生气。"圣贤家庭生养孩子,家教做得好。你爷爷一辈子不喜欢责骂人。每次遇到仆人犯错应该惩罚时,他都偷偷地与你奶奶约定:"我拿着棍棒去打人,你来劝阻我。"我领会了你爷爷的心意,一辈子没有对仆人发过脾气,没有责骂过仆人。你们要记住。

你太爷爷菊泉先生曾对我说过:"我们家几辈人不追求当官拿俸禄,因此几辈人中没有出过有大名望的人。然而,忠诚朝廷、信任朋友、孝悌长幼、友爱兄弟这些做人品格，我们一直奉守遵行。只希望我们家子孙不要丢失我们这些家风，这就足够了。读书，也是为了明白做人做事的道理，明白古圣先贤的人生追求。像发财和做官这些人生富贵，那就听天由命了。"

沈科刚被朝廷任命为南京行人司的司副后，回家探亲时和我父亲话别。我父亲对他说："有前辈说：'官场是毒蛇聚会的场所。'我认为这话说得有些过分。不过君子借着这个话头可以在官场修心养性。某一官员的恶毒还没有显现时，我可以小心谨慎，尽量避免触发他的毒性，用自己朴实正直和热心公道的品格言行感动他的良心，小心地听他说话，仔细地留意他的情绪，斟酌自己的言行，表现出自己的谦虚和对他的尊重，这样来平息他心头的怒气。如果他的恶毒已经充分表现出来，我就逆来顺受，他以恶毒对待我，我可以用慈悲包容他。"

《礼记》说，去别人家里吊丧，如果不能送人家慰问金，就不要打听人家丧礼的花费；看望病人时，如果不能送病人什么慰问品，就不要问病人想要什么；见到客人，如果不能安排住处，就不要打听客人住在哪里。这些话说透了人情世故。张横渠因此说："要想周到地处理人与人的关系，就应从学习《礼记》中的《曲礼》开始。"这不是空口说白话。你们做人做事，要把这些道理推而广之。比如，遇到有人争论不休，如果没能力调解，就不要问人家为什么争论；遇到有人遭灾，如果没能力救济，就不要问人家有什么难处；遇到穷人，如果没能力帮扶，就不要问人家缺什么。

（小时候）我与二弟袁襄□□□①和母亲在一起，□□□我和二弟不知道我们不是母亲亲生的。母亲做的新衣裳，我们有时候刚穿上就弄脏了，甚至弄破了。母亲夜里缝补好衣服，偷偷地洗干净，不让我父亲知道。我们吃饭时吃饱了，饭后又向母亲要零食吃。母亲给我们零食吃，但从数量和次数上约束我们，既不拒绝我们，也不娇纵我们。如

---

① □：原文缺失。

何坐、如何站、如何说话、如何笑，母亲总是教给我们正确的方法。因此，我们从小就知道日常礼仪。

　　我亲生母亲去世一年后，我父亲把我母亲续娶到家。当时家里还摆着供奉我亲生母亲灵牌的供桌。我母亲每天早晚都恭恭敬敬地亲手在灵牌前上供。每逢过年过节，父亲有时候外出，我母亲就领着我们兄弟两个一起祭拜。母亲曾流着泪告诫我们说："你们亲生母亲不幸去世得早，你们没有机会孝养她，你们当儿子能尽孝心的也只有祭祀了。"当我子孙的，希望你们不要忘了这些话。

第二章　二哥的记录

读书人按人生追求可分为三等,坚定追求道德的人为上等,坚定追求功名的人为第二等,坚定追求富贵的人为下等。近代这些人家,生的儿子稍微比一般人聪明一点,爹娘、老师、朋友就纷纷期望他大富大贵。这些孩子有幸富贵后,心中除了富贵,再也不知道功名是什么东西,更不知道世上还有高尚的道德。

我爷爷生我父亲,我父亲从小就非常聪明;我父亲生我,我也不笨。我爷爷、我父亲和我虽然都不参加科举考试,长辈却用五经教育我们古代圣贤做人做事的道理。我生你们兄弟几个，才开始教你们准备科举考试，这也并非只指望你们大富大贵。商代伊尹和周代周公建立丰功伟绩，春秋孔子和战国孟子创作锦绣文章，这都是男子汉应该做的事业。官职能不能得到，听天由命；道德能不能修养，完全在我们自己。不要放弃我们自己能做主的，不要勉强我们自己不能做主的。

要让身体干净就必须清除身上的脏东西，要想疾病痊愈就必须找医生治病。古时候曹子建喜欢让别人批评他的文章，他好及时修改。难道只有文学艺术应该这样？修养道德和经营事业都应该这样。

邻居沈家几辈子仇恨我们家。我母亲刚嫁到我们家时，我们兄弟年龄还小。我家有一棵桃树，树枝长到院墙外，沈家把伸到他家院墙里的树枝锯掉了。我们兄弟看见后，跑回家告诉我母亲。我母亲说："是应该锯掉。我们家的桃树，怎么可以越界长到他们家呢？"

沈家有一棵枣树，树枝也越过院墙，伸到我们家。枣刚长出来，我母亲就把我们兄弟叫到身边，告诫我们："邻居家的枣,你们要小心,一颗也不要敲打!"母亲还安排仆人看护这些枣。枣长熟后,我们家请沈家派女代表来我们家摘枣,我们把枣用盒子装起来送给沈家。

我家有一只羊,跑到沈家的菜园里,沈家把羊打死了。第二天,沈家一只羊越过院墙,跳到我们家。一群仆人非常兴奋,也要把羊打死,一雪前一天对沈家的怨恨。

母亲说:"不能打!"母亲让人把羊还给沈家。

沈某人生病,我父亲去沈家看病,并赠药给沈家。父亲走出沈家后,我母亲派人告诉邻居各家:"有病时互相帮助,这是做邻居的道义。沈家有病人,家里穷,我们各家各出五分银子救助沈家吧。"母亲一共募集到一两三钱五分银子。我们家还单独资助沈家一石大米。

沈家被母亲的道义所感动,从此忘掉了仇恨。我们两家还结成了常来常往的姻亲,直到今天。

老话说:"天下没有不能感化的人。"这是实话呀!

有一家富户娶媳妇,接新媳妇的大船从南往北来,经过我们家门口时,刮起了大风,下起了大雨。大船碰倒了我们家码头的船棚。邻居们一起揪住船工，要他们赔偿损失。

我母亲听说后，问道："新媳妇在船上吗？"

有人说："在船上。"

我母亲派人感谢各位邻居帮忙，并告诉他们："人家娶媳妇，满心指望好好庆祝大喜日子，如果途中赔了钱，公公婆婆会认为是新媳妇带来了不吉利。何况我们家船棚年头久了，木头腐朽，本来就要塌了。他们船大，又风高浪急，船工没办法把握住船行的方向，咱们宽待他们吧！"

邻居们听从了我母亲的意见。

我母亲爱我们兄弟两个，胜于爱她自己亲生的。天还没冷，她就考虑给我们添衣裳；肚子还没饿，她就考虑给我们弄吃的。亲戚朋友馈送的食品，她一定会留给我们吃。我们娶了媳妇，母亲仍然像爱护小孩子一样爱护我们。

我妻子被母亲殷勤的爱护感动，哭着对我说："即便是亲生母亲，也难以做得更好呀！"

我妻子娘家馈送了什么新鲜吃食，哪怕再微不足道，我们也不敢先尝一口，一定要先孝敬母亲。

有一天，偶然弄到一条鳜鱼，我妻子亲手做好，吩咐一个叫胡松的小孩子端着给母亲送去。胡松偷偷地把鱼吃掉了。过了一会儿，我妻子见到婆婆，问道："鳜鱼好吃吗？"当婆婆的惊讶了一会儿，说："好吃！"

我妻子心中产生了疑问，回来便审问胡松，这才知道胡松偷吃了鳜鱼。妻子再去拜见婆婆，问道："鳜鱼没有送到，您却说'好吃'，这是为什么？"

我母亲笑着说："你既然问到鳜鱼，就一定进献过。我没有吃到，一定是胡松偷吃了。我不希望因为一口吃食而让人出丑。"

我母亲的德行就是这样醇厚。

第三章　三哥的记录

想超出自己本分的事，说毫无意义的话，做没有一点好处的事，不如不想、不说、不做。

人人喜欢的东西，不要向人求；容易犯的错误，不要禁止人犯；难办的事情，不要指使人办。

古话说："量米的斛满了，人会用刮板抹平它；人自满了，神灵会用挫折抑制他。"这是金玉良言。智慧通达万物，忠厚可以护身；学识闻名天下，更要朴素做人；道德令人敬服，必须谦虚谨慎。不等到自满就经常自己抹平自己,这样做,鬼神对我也无可奈何。

见识高明,才可以写文章讲道理;修养醇厚,才可以写文章讲道德。如果见识肤浅又大话连篇,修养浅薄还想着拼凑文章,这样做的人都是亵渎经典文明的罪人。

黄鲁直和苏子瞻都喜欢参禅悟道。有人说,苏子瞻悟的是玩弄文字的士大夫禅,黄鲁直悟的是超越文字的祖师禅。这是褒扬黄鲁直、贬低苏子瞻。人们都知道这两位前辈一辈子写诗作文,然而两位前辈难道仅仅是浅薄的文字匠人吗?苏子瞻且不说他在朝廷做官时表现出来的高尚节操,单单他在阳羡买了房子却烧毁房契这件小事,就充分起到了刺破脓疮、鞭笞懦夫的作用。黄鲁直给人写信、谈论学问和讨论文章,最终都会归结到身心道德的修养上,他从来没有依仗自己的那些诗词文章而自以为是。何孟春的《余冬序录》曾模仿他的文风。

比如说:"做学问、写文章,应该向古代圣贤看齐,不要觉得比流行文化高明就沾沾自喜。孝悌忠信是做学问、写文章的根本，根本培养得醇厚，根本扎得深、扎得牢固，才会枝繁叶茂。"

又说："读经典读到的每一句话，都要在自己身上体会验证，这样才能读懂古代圣贤用心的地方。要想达到圣人的境界，必须拒绝对身外之物的追逐，这样才能功业完满。"

又说："'专心、专注、专一地做一件事，没有什么事做不成。'读书时，不要心猿意马，第一步让心静下来，这样几乎可以立即理解书中语言的含义。"

又说："做圣贤身心学问，自己见到自己的天性最难。真见到自己的天性，坐时，这种天性能体现在他坐的几凳上；站时，这种天性能体现在他腰部垂下的衣带上；饮酒时，这种天性能体现在他举着的酒杯上；吃饭时，这种天性能体现在他用的餐具上；上车时，车上的鸾、和两种铃铛可以和他对话；奏乐时，乐队中钟声和鼓声替他表达心中的喜悦。因此，他到哪里都没有不妥当。至于世俗中的学问，君子有时候顾不上。"

又说："圣贤身心学问从修心养性中来，还要配合参悟古代圣贤经典。用三个月准备干粮，可以行走一千里，但是，不要妄想一夜就能成功。"

这些地方，你们都要牢记在心。

一次，父亲摆酒款待客人，在座的有顾子声、王天宥、刘光浦。

刘光浦称赞我父亲说："做大事时严肃认真，做小事时一丝不苟，您是世上道德圆满的君子。"

父亲说："哪里敢承当这样高的赞誉！我曾经私下里检讨自己，发现自己还有十个缺点没有根除，正要仰仗诸位君子，帮助我一起清除掉这些缺点。"

王天宥问道："都是哪十个？"

父亲说："身体四肢忙忙碌碌，心念神智纷纷杂杂，经常这样虚度每一天的光阴，这是第一个缺点。听说某人犯错误，嘴里不敢劝说，心中却常抱怨，有时候见到这个人，又不能纠正他，这是第二个缺点。见人有优点，哪能不喜欢、不羡慕？自己想想又做不到他那样，总是轻易放弃，这是第三个缺点。偶然遭遇不顺，自我反省不够深刻，既不能感动自己，又不能打动别人，这是第四个缺点。爱惜自己的名誉和节操，不能包容有缺点的人,这是第五个缺点。(原文缺第六个)整天都在防范邪念,但是心中还是免不了胡思乱想,这是第七个缺点。犯了错误马上后悔,后悔得痛不欲生,自己认为永远不会再犯这样的错误,但是一天又一天,不知不觉中,很快很突然地又犯同样的错误,这是第八个缺点。奉献财物帮助别人后总是(把我奉献了、奉献了什么东西、奉献给了谁)挂念在心,遭受屈辱后心头总是忘不掉屈辱,这是第九个缺点。非常羡慕清淡的饮食和清净的心灵,却不能断掉酒肉,这是第十个缺点。"

顾子声说:"我受教了!"顾子声看向我们兄弟说:"这是你们老父亲真心实意想少犯错误呀。"

有一个夏天,雨后初晴,槐树下很阴凉。父亲吩咐我们兄弟作诗。我的诗最先写好。父亲拍手称赞。正好有人送来一块葛布,父亲安排裁缝范师傅用葛布给我做一件新衣裳。我母亲不知道这件事。新衣裳做好后,我穿着到父母屋子里表示感谢。母亲询问这件衣服的来历后对我说:"大哥、二哥还没穿上新衣裳,你有什么理由先穿?并且因为一首诗写得快就立刻享用上了新衣裳,你这样把两个哥哥放在什么地位?"母亲要走了我的新衣裳,藏了起来,然后给两个哥哥各做了一件新衣裳,这才让我重新穿上新衣裳。

我父亲不过问家里的生产、生活,凡是买柴买菜这些事,都由我母亲操办。买卖公平之外,母亲总要多付一点银子给卖家。我问母亲这样做的原因,母亲说:"小户人家生意很小,不能亏欠人家。每次多给一厘银子,一年也不过多花五六钱银子。我很快能从别的地方节省出这些银子弥补回来,我们没啥损失。不亏待卖家,我这样做几十年了。儿辈们一辈子都要这样做,不要改变我们的家风!"

我从小很聪明,母亲想让我准备参加科举考试。

父亲不同意。他说:"这孩子福薄,不能享用做官的俸禄。况且他寿命不长,不如教他学习六德(智、信、圣、仁、义、忠)、六艺(礼、乐、射、御、书、数),做个好人。做医生可以帮助人,最能栽培道德。等他长大几岁,就应该打发他去学医。"

我14岁会背诵《周易》《诗经》《春秋》《礼记》《尚书》后,父亲安排我跟随文衡山先生学习书法和作诗。我结婚后,父亲教授我古代的医学经典,教我像学习四书五经和历史一样,沉下心来,仔细参悟。父亲嘱咐我说:"学医有八件事一定要知道。"我问父亲是哪八件事。

父亲说:"志向要远大,心性要细致;学识要渊博,医术要精专;见识要高深,心气要下沉;心胸要宏大,操守要纯净。

"发心要慈悲,用心怀同情,救死扶伤,拯救天下所有生命,做医生要立定这样远大的志向。

"开药方的时候,战战兢兢,如履薄冰,不敢轻易投放哪怕一味药材,不敢轻易试用哪怕一张处方,这就是我说的心性要细致。

"上,观察气候和天气的变化;下,观察花草和树木的生长;中,观察情绪和心性对人的影响,这需要学识非常渊博。

"你的职业是行医,你天天面对的是医术,要像捕蝉那样专注,要像逮虱子那样专心,不能受外界丝毫的影响,这就是我说的医术精专。

"恢复天性，养我心性，天性就像中秋的明月普照一切。观察事物细微的萌芽，就能预判它未来的发展；察看蛛丝马迹，就能追溯到它发生的原因，这样的见识才叫高深。

"又要虚怀若谷，下沉心气，不能嫌弃病人贫穷卑贱，不能嫌弃病人身上脏臭，要像疾病生在自己身上一样，这样耐心地治病救人，这就是我说的下沉心气。

"遇到和同行在一起的时候，把自己会的治病方法分享给同行，同行的长处也要学习，不要患得患失，不要计较别人是虚心还是傲慢等等这些外在现象，不要过分分别你我，这就是我说的心胸要宏大。

"病人家庭被病痛折磨得很痛苦，对他们必须怀有深深的体谅和同情。给我们的报酬，富人家给的，我们用作买药的本钱，穷人家给的，坚决不能收。在病人全家愁苦的时候，我们哪能忍心只顾自家发财！

"要小心呀！要小心呀！"

第四章　了凡的记录

古人说话谨慎，不仅违背礼法的话不说，即便《中庸》中说到的孝悌忠信这些话，说出来时也很谨慎。因此，即便说的每一句话都恰如其分，也不如不轻易说话。

小孩子没有深入社会，良心没有受到损伤，常常这样沉默养心，这就是养成圣人人格的根本。

癸卯年（1543）除夕夜举办家庭宴会，母亲慰问父亲说："今夜是除夕夜，意味着今年最后一天也要结束了。人这一辈子与世上的万事万物一样，都有结束的那一天。每次想到这里，我就会悲伤落泪，甚至都不想活了。"

父亲说："真是这样！学禅的人把离世的日子称作腊月三十，也是比喻人生有结束的日子。必须在腊月三十来临前做好准备，这样就能避免到时候手忙脚乱。"

母亲问："怎么准备呢？"

父亲说："从收敛心性开始，到明心见性结束。"

我刚开始学《孟子》，就站起身回答说："这是做身心学问的方法。"

父亲点点头。

我从小就学作文。父亲在我的作文本扉页写下八条戒律：

不要抄袭；

不要雷同；

不要用肤浅的见识猜想经典的深刻内涵；

不要在志得意满时写文章；

不要在作文时胡思乱想其他杂事；

不要用自己卑劣的心念轻易揣猜圣人的智慧；

不要自以为是而讨厌别人的意见；

不要偷懒而荒废自己的精力。

"韩退之作诗《符读书城南》，专门教儿子追求富贵，有见识的人认为这首诗格调不高。我现在教你们正自己的心、诚自己的意，你们能做到吗？"

我答应道："能！"

父亲问道："心怎么做能正？"

我回答说："没有邪念就是正。"

父亲问道："意怎么做能诚？"

我回答说："不虚伪就是诚。"

父亲斥责道："这都是经口不经心的空话！小孩子怎么敢这样回答大人！必须真正思考，怎么做才能正心，怎么做才能诚意，这样才能有心得。"

我在震惊中有了醒悟。

野葛虽然毒性大，不吃就不能伤害性命；情欲虽然很危险，不沾染就没法祸害自己。

问："怎么能不沾染呢？"

父亲说:"只要自己的真心不被蒙蔽,情欲自然就消失了。情欲偶尔一露头,马上就能觉悟,一觉悟就会消失,就这样。"

古代有人说,行为独特的人和才华出众的人,时代不接纳他们,他们的名望不能显露在世上,一辈子怀才不遇,才能最后被埋没了。他们才能的万分之一都得不到展现,难道是老天爷遗忘他们了吗?他们生活的时代总会过去,这样的世道总会改变。接下来,他们的后代突然之间就兴旺发达起来,这里有一定会发达的道理,而且这样的事例层出不穷。我们家积德行善,几辈人都没有参加科举考试,子孙中一定会有兴旺发达的!

父亲每次从外面回来,就一个人躲进静室,关上房门静坐,再亲近的人也不能见到他。我们从门缝偷看过,只看见香烟袅绕,父亲衣帽整齐,白须飘飘,像一棵树或者一尊塑像一样坐着不动。

有一次，父亲给我讲解太极图，母亲在旁边听。

父亲指着太极图说："这一圈是从伏羲画的一画圈起来的，用来形容从无极到太极变化的道理。"

母亲笑着说："这个变化的道理根本就圈不住。就这一圈，也纯属胡思乱想。"

父亲告诉我说："你母亲把太极图全部讲完了。"说着，父亲卷起太极图。

父亲接待人的态度总是像春天一样温暖，然而留心观察，就会发现其有细微的差别。接待俗人时，他态度端正，轻易不开口说话，听人说话总是嗯嗯回应，不反驳。接待尊长时，他收敛智慧，隐藏光芒，心态谦卑。接待晚辈时，他因势利导，随时指点，满脸真诚。接待志同道合的朋友时，他有时高谈阔论，滔滔不绝，语惊四座；有时委婉含蓄，低声细语，不时打动主宾。听父亲说话的人，开始时茫然得无所适从，最后总能心悦诚服。

注意合理饮食，不要损伤脾胃；

节制男女房事,不要损耗元气;

注意说话礼仪,不要损害福报;

敬畏天地威德,不要祸及子孙;

端正学术方向,不要误导后人。

丙午(1546)六月,父亲得了小病,吩咐把床铺抬到中间的客堂,告诉三个哥哥说:"我爷爷、我父亲都能提前知道自己去世的日期,他们洗洗澡,换上衣服,谨慎恭敬地坐着离开人间,都没有死在女人手上①。我这几天就要永远离开了!"

于是,父亲关上门,不再接待客人,每天只是点上香,在香烟袅绕中静坐。

到七月初四日,亲戚朋友全部来到家里,三个哥哥都在,父亲喊我拿纸笔到跟前。父亲写道:

附赘乾坤七十年,飘然今喜谢尘缘。

须知灵运终成佛,焉识王乔不是仙?

---

① 死在女人手上:临终时割舍不断男女情。

身外幸无轩冕累，世间漫有性真传。
云山千古成长住，哪管儿孙俗与贤。
父亲扔下笔，与世长辞。

父亲身后留下两万卷图书。父亲临终前，吩咐挑选一部分重复的，分给几个侄儿，剩下的全部由我收藏。母亲指着这些书哭着对我说："我没赶上孝养你爷爷，然而见你父亲博览群书，天天手不释卷。你接受这么多书，如果不能读，那就成罪人了！"

我因此能够大量阅读父亲留下来的书，虽然不能全部理解，但是读得多，记得多，这个特点从小时候就有了。

我父亲活着时，家里天天宾客满门，母亲整天接待客人，没有一点空闲时间，但是我从没发现母亲手忙脚乱过。父亲去世后，家里静悄悄的，母亲一个人孤零零的，但是我从没见母亲空闲下来过。

第五章 五弟的记录

潘用商与我父亲关系好,他儿子潘恕没有儿子,我小时候被收养在他们家抚育。父亲去世后,母亲把我要回了家。母亲说:"一家有一家的家风,潘家虽然是善良人家,但他们家在诗书礼义传承的家风上没有我们家深厚。我早些把你要回来,你跟随几个哥哥学习,说不定能够取得很大的成就。"

晚上我随着四哥读书,母亲一定会做着针线活儿陪伴着我们。有时候读书读到半夜,我们兄弟俩都睡觉了,母亲才会去睡觉。

我父亲没刻印我爷爷的文集,因为爷爷一辈子最看重的不是文字。等到书房漏雨,以前的文集损毁得没有办法整理,父亲开始后悔了。父亲去世后,母亲吩咐几位哥哥尽快刻印《一螺集》。母亲说:"不要留下懊悔!"

一年四季每逢佳节,我母亲都赶在节日前几天酿好祭祀用的酒,祭祀前从来不敢私自品尝哪怕一滴。祭祀前,每块肉、每棵菜,她都要清洗得干干净净,虔诚地放在专门的地方,祭祀后,才分给全家人享用。母亲曾对我说:"你父亲70岁时,每次祭祀没有不哭的,他觉得再没机会孝养长辈了。你小小年纪就失去父亲,要孝养也没机会,祭祀时怎么敢不十二分虔诚?"

每次家里有了时令新鲜吃食,再微不足道,我们也一定先供献给祖宗。供献前,我们不敢先尝一口。

四哥喜欢夜里静坐读书,经常坐到四更天(凌晨两点左右)。我到一更天(晚八点前后)就睡觉,但是我喜欢早起。四哥睡时母亲才睡,我早起时母亲又起床了,母亲整个晚上睡不了一个囫囵觉。她养育孩子的辛苦,我不忍心说呀。

二哥把家搬到东郊的房子里,我和四哥过去跟随二哥读书学习。

家仆阿多把我们送到学馆,回去时见路旁的蚕豆开始成熟,就采摘蚕豆用衣襟包回了家。母亲看见后说:"农家等着蚕豆熟了当饭吃,你怎么能私自采摘!"母亲吩咐用一升米去赔偿人家。

四哥听说后对母亲说:"娘虽然出了一升米,但阿多一定不会赔偿人家。"母亲说:"(不管阿多赔不赔人家)我必须这样做以后,才能心安。"

四哥经过考试被增补为县学秀才。母亲对我说:"你们兄弟两个是一个整体,当哥的读书有成绩而弟弟跟不上,难道只有当弟弟的脸上不好看?当哥的心里同样感到惭愧。希望你能常常这样想,好好学习,努力进步。书没读纯熟,即便累了也不敢休息；作文不精练，即便脑子迟钝也不敢把目标定得太低，而要千方百计地修改。这样的话，多远大的理想不能实现？"

乙卯年（1555），四哥参加浙江省乡试，文章写得很精彩，被评为《尚书》科第一名，却因为对《中庸》试题的解释超越世俗的共识，没能中举。后来巡按御史下发文件，奖赏四哥。母亲对我说："文章写得好，本来能中举却没中举，这是宿命。如果文章写得不好，虽然是命运，却不是命中注定。你要努力呀，自己能做主的只有勤奋学习，不要计较考中考不中。"

三哥去世得早。我母亲哭我三哥时，悲痛地对我说："你父亲原来说过，你三哥不长寿，今天看果然是这样。"从此母亲就把七侄儿、八侄儿带在身边亲自教育，就像教育小时候的我们兄弟那样。母亲从小就吃苦耐劳，可能连一天快乐日子也没过过。

我与两个侄儿同年考进县学当秀才。母亲说："今天穿戴上秀才衣帽，就成了孔门弟子，一旦身心言行有丝毫缺点，就会给儒门带来羞辱。"因此，我总是言行谨慎，守护好自己的身心，不敢堕落沉沦。

我爷爷怡杏翁在亭桥西浒盖的房屋，按父亲遗嘱由我继承。母亲说："房屋西邻是王鸾家的房子。当时王鸾刚盖好楼房，倪玑知县颁布严格的法令，要求各家盖房子时留出消防通道。按照这个法令，王鸾家的楼房应该拆掉。你父亲同情他们家，拆毁了咱家的房子，替他家留足了消防通道。你父亲请倪知县写了一份证明，用来明确两家宅基地的界限。你如果能体谅你父亲的心意，那么一切邻居都应当爱护帮扶，对邻居要严于律己、宽以待人。我记得你父亲说过：'君子做人，不要等着被别人包容。宁愿别人辜负我，我也不辜负别人。如果我有万分之一的缺点被别人包容，或者我有万分之一的地方辜负别人，我不仅愧对父亲和兄长，实际上也愧对天地良心，这样就很难在世上立足。'"

我母亲一有空就纺线，每天都要这样做。我妻子陆氏劝婆婆稍微歇歇。母亲说："古人定有规矩：'一天不干活儿，一天就不能吃饭。'我们是什么样的人，可以不干活儿吃闲饭吗？"因此，母亲年近八十，还一直在操持家务，不愿意停下来。

远房宗亲和老辈亲戚每次来走动，我母亲一定热情接待，走的时候都会接济他们。家里穷的，比照着他们送来的礼物，母亲用价值高出几倍的物品酬谢；路途远的，母亲奉送船钱等路上花费，委婉周全地帮助他们，只怕自己做得不够周到。

有姓胡和姓徐的两个姑姑，是家在陶庄的远房亲戚，按血缘关系早就出了五服。她们来的次数多，母亲对她们特别厚道，在家里住多久母亲也不嫌弃。

刘光浦先生曾对四哥和我说："众人都是对富贵人家锦上添花，就你们家对穷苦人家雪中送炭。我和你父亲做了四十多年朋友，逢年过节，你们家穷亲戚坐满一屋子，这是最美好的家风呀！你们家以后必定要出闻名天下的人物。这个人可能就在你们这一辈！"

农历九月天气就要冷的时候，四嫂想买些丝绵，打算用纯丝绵做冬天穿的衣服。母亲说："不可以这样。三斤丝绵要花一两五钱银子，不如只花五钱银子买一斤丝绵。你丈夫和你冬天穿的衣服，都用麻丝做铺衬，在铺衬上覆盖一层丝绵，这样足以保暖御寒。节省下的一两银子，买些破旧衣服，浆洗干净，缝缝补补，就能让几个穷人有衣服穿。救济穷人，帮助大众，这是第一等好事。我只恨自己没有能力帮助更多的人。然而每件事上都节省一点，就完全可以行善积德。"

母亲平日里念佛，不管是走着、坐着还是躺着，口中念佛照样不停。问她为什么这样，母亲说："我用念佛收敛散乱的心念。我听你父亲说过：'人心像火一样，火一定会攀附木头，心一定会攀缘事情。因此才说，人一定要有事做。'一念佛号，就替代了一切胡思乱想。一整天念佛，一整天心神都能收敛凝聚。"

四哥中举后,喜讯禀告给母亲,母亲脸上没有表现出一丝喜悦。母亲只对我说:"你爷爷、你父亲,读遍天下书籍,你哥直到今天才成名,你们更需要继续努力。"

《庭帏杂录》跋

《庭帏杂录》是我妻子的哥哥袁衷等人记录其父亲参坡公和母亲李氏的语录。

参坡公娶的第一任妻子王氏，生了两个儿子，大儿子叫袁衷，二儿子叫袁襄。袁衷5岁、袁襄4岁时，王氏去世。参坡公续娶李氏。李氏生了三个儿子，分别是袁裳、袁表、袁衮。袁衮10岁时，参坡公去世。27年后，李氏去世。因此，在袁衷和袁襄的记录中，父亲的语录多。当时，袁衮年龄小，来不及记录父亲的语录，因为敬佩母亲而特意记录母亲的语录，用作自己生命成长的精神准则。

参坡公学识渊博、品行醇厚,世上少有;李氏贤能善良、深明大义,具有光明磊落的大丈夫气概。读这本语录,可以想象得出他们夫妻是什么样的人。

钱晓题写

〔了凡人生重要轨迹〕

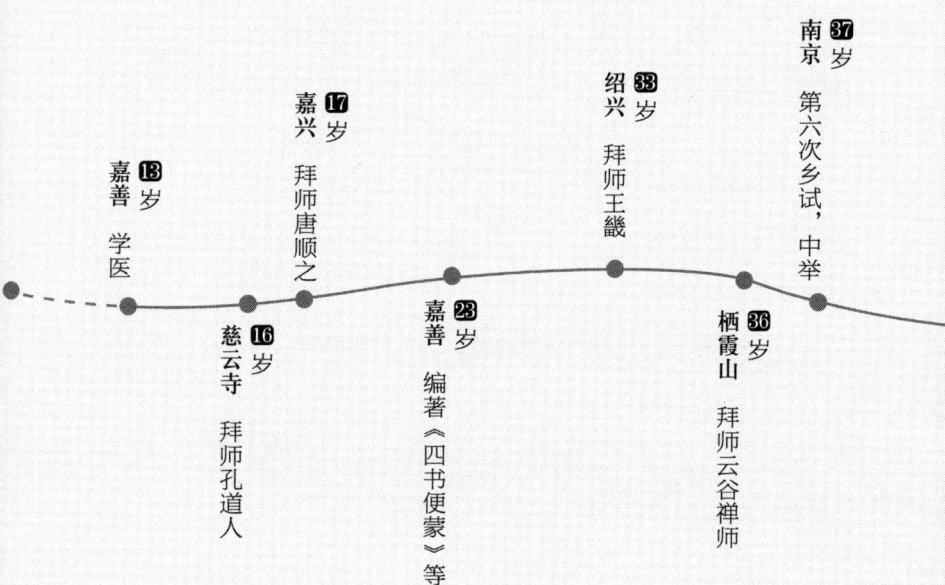

13岁 嘉善 学医

16岁 慈云寺 拜师孔道人

17岁 嘉兴 拜师唐顺之

23岁 嘉善 编著《四书便蒙》等

33岁 绍兴 拜师王畿

36岁 栖霞山 拜师云谷禅师

37岁 南京 第六次乡试，中举

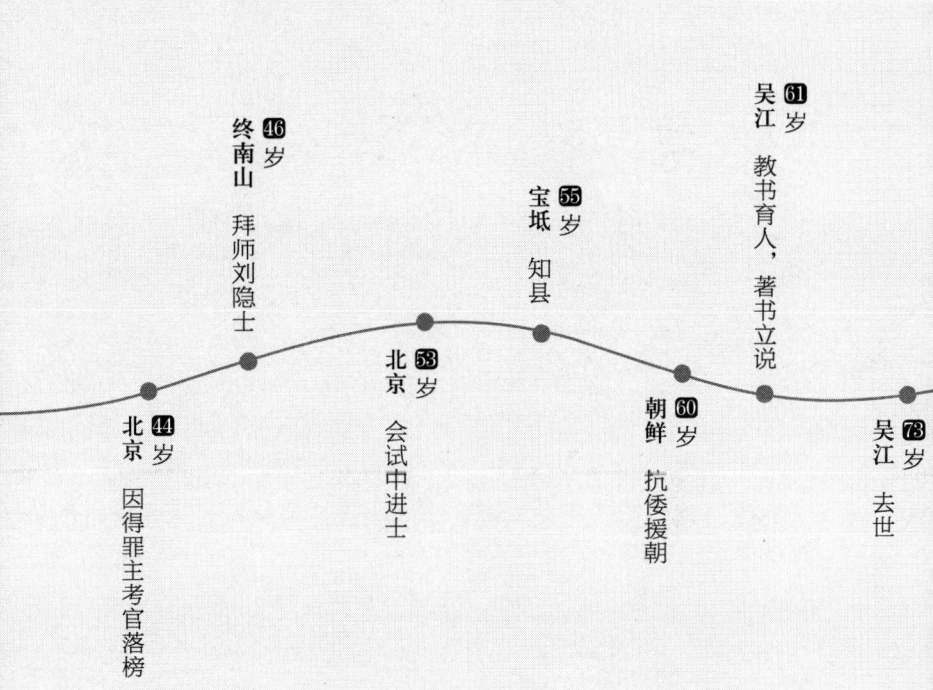

上编 训儿俗说

《训儿俗说》序

司马[①]坤仪袁公,幼即志圣贤之学,从事于龙溪诸先生之门。余间一从游谛听焉,恍然悟夫良知之旨,合古圣贤精一[②]之传,而自慨夙昔所寻行数墨、循途守辙者,支离而琐屑也。后袁公既仕,以其学施于用,为邑宰则惠泽在邑,擢廊署则谋猷在廊署,参军事则功绩在边陲。而余染指一官,归而泉石,仅为老学究而已。公志不大酬而还,以其学教于家,训诸其子

---

① 司马:古代官名,这里用来称呼兵部官员。
② 精一:儒家从凡人到圣人的修养功夫,出自《尚书》"人心惟危,道心惟微,惟精惟一,允执厥中"。

天启。子复俊嶷①，足传家学。岁丁酉②，子入泮，即应试浙闱，时方十七。将理婚冠之事。十月之吉，为其子行古冠礼，速余为宾。余老惯杜门，素不闲礼节，念此礼世俗不行也久，追昔先君子为儿行冠礼之日，从祖平斋③先生尚在，思之心冲冲焉，阅今五十年矣。今睹旷典之复，曷敢以不闲辞？勉与行事！

既冠，峨然一丈夫子也。余不胜喜，字曰"若思"，公意也。盖取思启之意，而实寓主敬之义云。厥明公出《训儿俗说》相示，谛阅之。其目有八：首曰立志，植其根也；曰敦伦，曰崇礼，善其则也；曰报本，厚其所始也；曰尊师，曰处众，慎其所兴也；曰修业，曰治家，习其所有事业也。外而起居食息言语动静之常，内而性情志念好恶喜怒之则；上自祭祀宴享之仪，下自洒扫应对进退之节；大而贤士大夫之交际，小而仆从管库之使令；至于行立坐卧之繁，涕唾便溺之细，事无不言，言无不彻。

---

① 嶷（yí）：幼小聪明。
② 丁酉：万历二十五年（1597）。
③ 平斋：沈概，号平斋，嘉靖二十一年贡生，授江西省布政司从七品都事。他是了凡父亲的朋友。

自古家庭之训，见于记籍者，未有若是之详且晰也。是岂公一家之训，将为天下后世教家之模范！即至愚鲁之子，闻且见焉，靡有不感发而兴起者，况公之子素称警颖者乎！

昔公壮时，尝患艰于嗣息，以为厄于命也。后闻会禅师豪杰不为命限之说，广修善业，厚积庆源，因而得嗣。允哉，天所启也。缘冥感之说，作《真诠》①一书以示来者，乃今复有是编以垂教云。

夫未得也，积功行以浚其源，则钟毓也深；既生而长也，复端轨范以善其诲，则贻谋也远。且来也有自，出也必有为，余于公之子卜之矣。吾祈公之子，率公之教，不堕乎天之所启，为厚望云。

万历丁酉一阳月　通家弟沈大奎顿首拜撰

---

① 《真诠》:《祈嗣真诠》。

立志第一

汝今十四岁,明年十五,正是志学之期,须是立志求为大人①。大人之学,"在明明德,在亲民,在止于至善②"。此不但是孔门正脉,乃是从古学圣之规范。只为儒者谬说,致使规程不显,正脉沉埋。我在学问中,初受龙溪先生之教,始知端倪。后参求七载,仅有所省。今为汝说破。

---

① 大人:1.地位高者;2.道德高者。大人的道德标准:1.孔子《周易·文言传》:"与天地合其德,与日月合其明,与四时合其序,与鬼神合其吉凶。"2.孟子《孟子》:"不失其赤子之心也。"3.王阳明《王阳明全集》:"以天地万物为一体者也,其视天下犹一家,中国犹一人焉。"
② 在明明德,在亲民,在止于至善:出自《大学》第一章。

明德不是别物，只是虚灵不昧之心体。此心体，在圣不增，在凡不减，扩之不能大，拘之不能小。从有生以来，不曾生，不曾灭，不曾秽，不曾净，不曾开，不曾蔽，故曰"明德"。乃气禀不能拘，物欲不能蔽，万古所常明者。

汝今为童子，自谓与圣人相远，汝心中有知是知非处，便是汝之"明德"。但不昧了此心，便是明明德。针眼之空，与太虚之空原无二样。吾人一念之明，与圣人全体之明亦无二体。若观圣人作清虚皎洁之相，观己及凡人作暗昧昏垢之相，便是着相。今立志求道，如不识此本体，更于心上生心，向外求道，着相用功，愈求愈远。此德本明，汝因而明之，无毫发可加，亦无修可证，是谓明明德。

然明德不是一人之私，乃与万民同得者，故又在亲民。以万物为一体则亲，以中国为一家则亲。百姓走到吾面前，视他与自家儿子一般，故曰"如保赤子①"。此是亲民真景象。汝今未做官，无百姓可管，但见有人相接，便要视他如骨肉则亲，敬他如父母则亲。倘有不善，须生恻然怜悯之心，可

---

① 如保赤子：出自《尚书》。

训导则多方训导，不可训导则负罪引慝①以感动之。即未必有实益及人，立志须当如此。

然明德、亲民不可苟且，故又在止至善。如人在外，不行路不能到家。若守路而不舍，终无入门之日。如人觅渡，不登舟不能过河。若守舟而不舍，岂有登岸之期！今立志求道，不学则不能入道。若守学而不舍，岂有得道之理！故既知学，须知止。止者，无作之谓。道理本是现成，岂烦做作？岂烦修造？但能无心，便是究竟。《易》曰："继之者善。"善是性中之理，至善乃是极则尽头之理。如人行路，若到极处，便无可那②移，无可趋向，自然要止矣。故止非至善，何由得止？至善非止，何以见至善？

此德明朗，犹如虚空。举心动念，即乖本体。我亲万民，博济功德，本自具足，不假修添。遇缘即施，缘息即寂。若不决定信此是道，而欲起心作事，以求功用，皆是梦中妄为。

明德、亲民、止至善，只是一件事。当我明明德时，便

---

① 慝（tè）：恶念，邪念。
② 那：通"挪"。

不欲明明德于一身，而欲明明德于天下。盖古大圣大贤，皆因民物①而起恻隐，因恻隐而证明德。故至诚尽性时，便合天地民物一齐都尽了。当明德亲民时，便不欲着相驰求，专欲求个无求无着。

故先欲知止，先知此止，然后依止修行。依止而修，是即无修。修而依止，是以无修为修。无修为修，是全性起修；修即无修，是全修在性。大率圣门入道，只有性教二途②。真心不昧，触处洞然。不思而得、不勉而中者，性也。先明乎善，而后实造乎理者，教也。今人认工夫为有作，而欲千修万炼、勤苦求成者，此是执教。认本体为现成，而谓放任平怀为极则者，此是执性。二者皆非中道③也。须先识性体，然后依性起教，方才不错。

---

① 民物：出自张载《西铭》："民，吾同胞；物，吾与也。"
② 性教二途：说法出自《中庸》，用法出自《传习录》。从"性"起修，史称"顿悟"；从"教"起修，史称"渐修"。了凡教儿子从"顿悟"到"渐修"，既走捷径，又下功夫。
③ 中道：中庸之道，不偏不倚，不走极端，正当恰好。

敦伦第二

《中庸》以五伦①为达道,乃天下古今之所通行,终身所不可离者。明此是大学问,修此是大经纶。五伦之中,造端乎夫妇。《易》首《乾》《坤》,《诗》始《关雎》②,王化之原,实基于衽③席。且道无可修,只莫染污。闺门之间,情欲易肆,能节而不流,则去道不远矣。夫妇之道,惟是有别,故禁邪淫为最。可以养德,可以养福。切宜戒之。

---

① 五伦:指父子、兄弟、夫妇、君臣、朋友五种关系。
② 关雎:《诗经》中第一首,讲述淑女配君子的事情。
③ 衽(rèn):席子;衣襟。

有夫妇然后有父子。爱敬父母,正是童子急务。汝幼有至性,颇竭孝思,第须要之于道。倘此志不同,此学各别,即称纯孝,终是血肉父子。今当以父母为严君①,养吾真敬,使慢易之私不形;求父母之顺豫,养吾真爱,使乐易之容可掬。常敬常爱,即是礼乐不斯须去身②,即是致中和③之实际。以此事君,则为忠臣;以此事长,则为悌弟。无时无处而不爱敬,则随在感格,可通神明。

昔杨慈湖④游象山⑤之门,未得契理,归而事父。一日父呼其名,恍然大悟,作诗寄象山云:"忽承父命急趋前,不觉不知造深奥。"即承欢奉养,可以了悟真诠。故洒扫应对,可以精象入神,乃是实事。

有父子然后有兄弟,吾生汝一人,原无兄弟。然合族之人,长者是兄,幼者是弟,皆祖宗一体而分。即天祐、天与,

---

① 严君:父母;父亲。
② 礼乐不斯须去身:化自《礼记》:"礼乐不可斯须去身。"
③ 致中和:出自《中庸》。
④ 杨慈湖(1141—1226):杨简,号慈湖。
⑤ 象山:陆九渊(1139—1193),号象山。

吾既收养，便是汝之亲弟兄。

昔浦江郑氏，其初兄弟二人，犹在从堂之列，因一人有死亡之祸，一人极力救之获免，遂不忍分居。盖因患难真情感激，共爨①数百年，累朝旌其门，为天下第一家。前辈称其有过于王侯之福。

吾家族属不多，自吾罢宦归田，卜居于此，族人皆依而环止。今拟岁中各节，遍会族人，正月初一外，十五为灯节，三月清明，五月端午，六月六日，七月七日，八月中秋，九月重阳，十月初一，十一月冬至。远者亦遣人呼之，来不来唯命。此会非饮酒食肉，一则恐彼此间隔，情意疏而不通；二则有善相告，有过相规。即平日有间言，亦可从容劝谕，使相忘于杯酒间。汝当遵行毋怠。

五服②之制，先王称情而立。大凡伯叔期功③之服，皆不可废，庶成礼义之家。兄弟相疏，皆起于妇人之言。凡稍有

---

① 爨（cuàn）：炉灶。
② 五服：从高祖、曾祖、祖父、父亲到自己五代人，根据血缘亲疏，服丧时穿戴不同规格的孝服。
③ 期功：1年、9个月、5个月不同的服丧期。

丈夫气者，初时亦必不听，久久浸润，积羽沉舟，非至明者不能察也。切须戒之。

语云："君臣之义，无所逃于天地之间。"不论仕与隐，皆当以尊君报国为主。凡我辈今日得饱食暖衣、悠优田里者，皆吾皇之赐也，岂可不知感激！他日出仕，须要以勿欺为本。勿欺，所谓忠也。上疏陈言，世俗所谓气节，然须实有益于社稷生民则言之，若昭君过以博虚名，切不可蹈此敝辙。孔子宁从讽谏，其意最深。

至于朋友之交，切宜慎择。苟得其人，可以研精性命，可以讲究文墨，可以排难解纷。须要虚己求之，委心待之，勿谓末俗风微，世鲜良友。取人以身，乃是格论。门内有君子，门外君子至。只如馆中看文，我先以直施，彼必以直报。日常相与，我先以厚施，彼必以厚报。常愧先施之未能，勿患哲人之难遇。又交友之道，以信为主，出言必吐肝胆，谋事必尽忠诚。宁人负我，毋我负人。纵遇恶交相侮，亦当自反自责，勿向人轻谈其短。至嘱。

五伦本自天秩，凡相处间，不可参一毫机智。须纯肠实意，盎然天生，斯谓之敦。《中庸》"修道以仁"，亦是此意。

昔有人以忠孝自负者，有禅师语之曰："即使五伦克尽，无纤毫欠缺，自孔子言之，只是民可使由之，非豪杰究竟事也。"今忠臣孝子，世或有之，然不闻道，终是行之而不著、习矣而不察。是故以立志求道为先。

孟宗之笋①，王祥之鱼②，皆从真心感召。宋谢述随兄纯在江陵，纯遇害，述奉丧还都，中途遇暴风，纯丧舫漂流，不知所在，述乘小舟寻求。嫂谓曰："小郎去必无反③，宁可存亡俱尽耶？"述号泣曰："若安全至岸，尚须营理。如其变出意外，述亦无心独存。"因冒浪而进，见纯丧几没。述号泣呼天，幸而获免。咸以为精诚所致。此所谓笃行也。学不到此，终是假在，即修饰礼貌，向外周旋，徒令人作伪耳。

---

① 孟宗之笋：二十四孝故事。三国时人孟宗孝顺，母亲想吃竹笋，赶上天寒地冻，笋还没有长出来，他到竹林里痛哭，感动竹子长出了新笋。
② 王祥之鱼：二十四孝故事。晋代王祥的继母在寒冬时节想吃鱼，王祥到河边脱去衣服，光着身子趴到河冰上，想融化河冰逮鱼。这份孝心感动得河冰崩裂，两条鲤鱼跳跃出来。
③ 反：通"返"。

事师第三

子生十年，则就外傅，礼也。事师有常仪，不可不习。

一者每朝当早起。古人鸡初鸣则盥漱，趋父母之侧。汝从来娇荠，不能与鸡俱兴，然亦不可太晏，致使师起而不出。

二者诣师户外，必微咳一声，勿卒暴而入。

三者蚤^①入当问安。

四者师有所须，当如教办给。

五者粥饭茶汤，当嘱家僮应时供送，迟则催之，遇见则

---

① 蚤：同"早"。

亲阅而亲馈之。

六者师有所谈，当虚怀听教，讲书则字字详察，讲课则舍己从人，勿执己见而轻慢师长。

七者远见师来则起，师至则拱手侍立，须起敬心。出而随行，勿践其影。

八者师或无礼相责，必默然顺受，不可出声相辨①。

九者勿见师过，人或来告，必解说掩覆之。

十者夜间呼童预整卧具，或亲视之。师眠，当周旋掩覆之。昔林子仁②登科后，事王心斋为师，亲提夜壶③，服役尽礼。近日冯开之④，亦命其子提壶事师。此皆前辈懿行，可以为法。

事师之道，全在虚心求益。倘能随处求益，则三人同行，必有我师。若执己自是，则圣人与居，亦不能益我。舜好问，

---

① 辨：通"辩"。
② 林子仁（1498—1541）：林春，字子仁，江苏泰州人，嘉靖十一年进士。
③ 夜壶：夜晚用的尿壶。
④ 冯开之（1548—1605）：冯梦祯，字开之，浙江嘉兴人，万历五年进士，了凡的好朋友。

好察迩言。当时之人，岂复有浚哲文明过于舜者？惟问不遗刍荛①，则人人皆可师。惟察不遗迩言，则言言皆至教。汝能有而若无，实而若虚，能受一切世人之益，能使一切世人皆可为师，方是大人家法。

---

① 刍荛（chú ráo）：割草砍柴的人。

处众第四

弟子之职，不独亲仁，亦当爱众。盖亲民原是吾儒实学，故一切众人，皆当爱敬。孟子曰："仁者爱人，有礼者敬人。"所谓爱人者，非拣好人而爱之也，仁者无不爱。善人固爱，恶人亦爱。如水之流，不择净秽，周遍沦洽，故曰"泛爱"。

问："既如此，何故说仁者能恶人？"曰："民吾同胞。君子本心，只有好无恶，惟其间有伤人害物、戕吾一体之怀者，故恶之。是为千万人而恶，非私恶也。去一人而使千万人安，吾如何不去？杀一人而使千万人惧，吾如何不杀？故放流诛戮，纯是一段恻隐之心流注，总是爱人。此惟仁者能之，而他人不与也。识得此意，纵遇恶人相侮，自无纤毫相碍。

孟子三自反①之说，最当深玩。吾肯真心自反，即处人十分停当，岂肯自以为仁，自以为礼，自以为忠？彼愈横逆②，吾愈修省。不求减轻，不求效验，所谓终身之忧③也。一可磨炼吾未平之气，使冲融而茹纳。二可修省吾不见之过，使砥砺而精莹。三可感激上天玉成之意，使灾消而福长。

汝今后与人相处，遇好人，敬之如师保，一言之善，一节之长，皆记录而服膺之，思与之齐而后已。遇恶人，切莫厌恶，辄默默自反："如此过言，如此过动，吾安保其必无？"又要知世道衰微，民散已久，过言过动，是众人之常事，不惟不可形之于口，亦不可存之于怀。汝但持正，则恶人自远，善人自亲。汝父德薄，然能包容，人有犯者，不相较量，亦不复记忆。汝当学之。

《易》曰："地势坤，君子以厚德载物。"夫持之而不使倾，捧之而不使坠，任其践蹈而不为动，斯之谓载。今之人，至

---

① 自反：自我反省，出自《孟子》。
② 横逆：粗暴无礼。
③ 终身之忧：忧虑自己不能成为圣贤，出自《孟子》。

亲骨肉，稍稍相拂，便至动心，安能载物哉！《中庸》亦云："博厚所以载物也，高明所以覆物也。"人只患德不博厚、不高明耳。须要宽我肚皮，廓吾德量。如闻过而动气，见恶而难容，此只是隘。有言不能忍，有技不能藏，此只是浅。勉强学博，勉强学厚，天下之人，皆吾一体，皆吾所当负荷而成就之者。尽万物而载之，亦吾分内。不局于物则高，不蔽于私则明。吾苟高明，自能容之而不拒，被之而不遗。此皆是吾人本分之事，不为奇特。汝遇一切人，皆思载之覆之，胸中勿存一毫怠忽之心，勿起一毫计较之心，自然日进于博厚高明矣。

《易》曰："君子能通天下之志。"昔子张问达，正欲通天下之志也。夫子告之曰："质直而好义，察言而观色，虑以下人。"大凡与人相处，文则易忌，质则易平，曲则起疑，直则起信。故以质直为主，坦坦平平，率真务实，而又好行义事，人谁不悦？

然但能发己自尽，而不能徇物无违，人将拒我而不知，自以为是而不耻，奚可哉！故又须察人之言，观人之色，常恐我得罪于人，而虑以下之，只此便是实学。亲民之道，全要舍己从人，全要与人为等，全要通其志而浸灌之，使彼心肝骨髓，皆从我变易。此等处，岂可草草读过！

处众之道，持己只是谦，待人只是恕。这便终身可行。凡与二人同处，切不可向一人谈一人之短。人有短，当面谈。又须养得十分诚意，始可说二三分言语。若诚意未孚，且退而自反。即平常说话，凡对甲言乙，必使乙亦可闻，方始言之。不然，便犯两舌之戒矣。

老者安，朋友信，少者怀。天下只有此三种人。凡长于汝者，皆所谓老者也。《曲礼》曰："年长以倍，则父事之。十年以长，则兄事之。五年以长，则肩随之。"又曰："见父之执，不谓之进，不敢进；不谓之退，不敢退；不问，不敢对。"又曰："父之齿随行，任轻则并之，任重则分之。"谦卑逊顺，求所以安其心，而不使之动念；服劳奉养，求所以安其身，而不使之倦勤，皆当曲体而力行者也。

同辈即朋友，有亲疏善恶不齐，皆当待之以诚。下于汝者，即少者也，当怀之以恩。御童仆，接下人，偶有过误，不得动色相加，秽言相辱。须从容以礼谕之，谕之不改，执而杖之。必使我无客气，彼受实益，方为刑不虚用。《书》

曰:"毋忿嫉于顽。"彼诚顽矣,我有一毫忿心,则其失在我,何以服人?故未暇治人之顽,先当平己之忿,此皆是怀少之道。切须记取。

修业第五

进德修业，原非两事。士人有举业，做官有职业，家有家业，农有农业，随处有业。乃修德日行，见之行者。善修之，则治生产业，皆与实理不相违背。不善修，则处处相妨矣。汝今在馆，以读书作文为业。

修业有十要：

一者要无欲。使胸中洒落，不染一尘，真有必为圣贤之志，方可复读圣贤之书，方可发挥圣贤之旨。

二者要静。静有数端：身好游走，或无事间行，是足不静。好博奕呼胪，是手不静。心情放逸，恣肆攀缘，是意不静。切宜戒之。

三者要信。圣贤经传，皆为教人而设，须要信其言言可法，句句可行。中间多有拖泥带水、有为着相之语，皆为种种病人而发。人若无病，法皆可舍，不可疑之。入道之门，信为第一。若疑自己不能作圣，甘自退屈，或疑圣言不实，未肯遵行，纵修业，无益也。

四者要专。读书须立定课程，孳孳汲汲，专求实益。作文须凝神注意，勿杂他缘。种种外务，尽情抹杀。勿好小技，使精神漏泄。勿观杂书，使精神常分。

五者要勤。自强不息，天道之常。人须法天，勿使惰慢之气设于身体。昼则淬砺精神，使一日千里。夜则减省眠睡，使志气常清。周公①贵无逸，大禹②惜寸阴，吾辈何人，可以自懈？

六者要恒。今人修业，勤者常有，恒者不常有。勤而不恒，犹不勤也。涓涓之流，可以达海；方寸之芽，可以

---

① 周公：周文王的儿子。
② 大禹：古代治水有功的圣人。

参天,惟其不息耳。汝能有恒,何高不可造、何坚不可破哉!

七者要日新。凡人修业,日日要见工程。如今日读此书,觉有许多义理,明日读之,义理又觉不同,方为有益。今日作此文,自谓已善,明日视之,觉种种未工,方有进长。如蘧伯玉①二十岁知非改过,至二十一岁回视昔之所改,又觉未尽。直至行年五十,犹知四十九年之非,乃真是寡过的君子。盖读书作文与处世修行,道理原无穷尽,精进原无止法。昔人喻检书如扫尘,扫一层,又有一层。又谓一翻拈动一翻新,皆实话也。

八者要逼真。读书俨然如圣贤在上,觌②面相承,问处如自家问,答处如圣贤教我,句句消归自己,不作空谈。作文亦身体而口陈之,如自家屋里人谈自家屋里事,方亲切有味。

九者要精。管子③曰:"思之,思之,又重思之。思之不

---

① 蘧伯玉:春秋时期卫国大夫,孔子的朋友。
② 觌(dí):相见。
③ 管子:春秋时期人,辅助齐桓公成为霸主。

通,鬼神将通之。非鬼神之力,精神之极也。"《吕氏春秋》载,孔丘、墨翟①昼日讽诵习业,夜亲见文王、周公,思而问焉,用志如此其精也。《唐史》载,赵璧②弹五弦,人问其术,璧云:"吾之于五弦也,始则心驱之,中则神遇之,终则天随之。吾方浩然,眼如耳,耳如鼻,不知五弦之为璧、璧之为五弦也。"学者必如此,乃可语精矣。

十者要悟。志道、据德、依仁,可以已矣,而又曰"游于艺",何哉?艺一也,溺之而不悟,徒敝精神。游之而悟,则超然于象数之表,而与道德性命为一矣。

昔孔子学琴于师襄,五日而不进。师襄曰:"可以益矣。"孔子曰:"丘得其声矣,未得其数也。"又五日,曰:"丘得其数矣,未得其理也。"又五日,曰:"丘得其理矣,未得其人也。"又五日,曰:"丘知其人矣。其人颀然而长,黝然而黑,眼如望羊,有四国之志者,其文王乎?"师襄避席而拜曰:"此文王之操也。"夫琴,小物也,孔子因而知其人,与文

---

① 墨翟:春秋末期宋国人,思想家,墨家创始人。
② 赵璧:唐贞元年间著名琵琶演奏家。

王觌面相逢于千载之上，此悟境也。今诵其诗，读其书，不知其人，可乎？到此田地，方知游艺有益，方知器数无妨于性命。

崇礼第六

礼仪三百，威仪三千①，皆是儒家实事。儒教久衰，礼仪尽废，程伯子②见释徒会食井井有法，叹曰："三代威仪，尽在于此。"吾晚年得汝，爱养慈惜，不以规绳相督。今汝当成人之日，宜以礼自闲。礼之大者，如冠婚丧祭之属，有《仪礼》一书及先儒修辑《家礼》等书，可斟酌行之。且以日用要节

---

① 礼仪三百，威仪三千：出自《中庸》。两层意思：1.泛指各种大礼仪、小礼节；2.一个道德修养好的人从身心、言行等各方面表现出来的独特的气场、气质、音容笑貌等。
② 程伯子：北宋理学家程颢（1032—1085）。

画为数条,切宜谨守。

一曰视,二曰听,三曰行,四曰立,五曰坐,六曰卧,七曰言,八曰笑,九曰洒扫,十曰应对,十一曰揖拜,十二曰授受,十三曰饮食,十四曰涕唾,十五曰登厕。

孔子教颜回"四勿",以视为先。孟子见人,先观眸子。故视不可忽。邪视者奸,故视不可邪。直视者愚,故视不可直。高视者傲,故视不可高。下视者深,故视不可下。礼经教人,尊者则视其带,卑者则视其胸,皆有定式。遇女色,不得辄视。见人私书,不得窥视。凡一应非礼之事,皆不可辄视。

凡听人说话,宜详其意,不可草率。《语》云:"听思聪。"如听先生讲书,或论道理,各从人浅深而得之,浅者得其粗,深者得其精,安可不思聪哉!今人听说话,有彼说未终而辄申己见者,此粗率之极也。听不可倾头侧耳,亦不可覆壁倚门。凡二三人共语,不可窃听是非。

凡行,须要端详次第。举足行路,步步与心相应,不可太急,亦不可太缓。不得猖狂驰行,不得两手摇摆而行,不得跳跃而行,不得蹈门阈,不得共人挨肩行,不得口中啮食行，不得前后左右顾影而行，不得与醉人、狂人前后互随行。当防迅车驰马，取次而行。若遇老者、病者、瞽①者、负重者、乘骑者，即避道傍，让路而行。若遇亲戚长者，即避立下肩，或先意行礼。

凡立次，须要端正。古人谓"立如斋"，欲前后襜②如，左右斩如，无倾侧也。不得当门中立，不得共人牵手当道立，不得以手叉腰立，不得侧倚而立。

凡坐，欲恭而直，欲如奠石，欲如槁木，古人谓"坐如尸③"是也。不得欹④坐，不得箕⑤坐，不得跷足坐，不得摇膝，不得交胫，不得动身。

凡卧，未闭目，先净心，扫除群念，惺然而息，则夜梦恬愉，不致暗中放逸。须封唇以固其气，须调息以潜其神。不得常舒两足卧，不得仰面卧，所谓"寝不尸"也。亦不得

---

① 瞽：音 gǔ。
② 襜：音 chān。
③ 尸：古代祭祀时，作为神灵替身的人。
④ 欹：音 qī。
⑤ 箕：音 jī。

覆身卧。古人多右胁着席，曲膝而卧。

宋儒有云："凡高声说一句话，便是罪过。"凡人言语，要常如在父母之侧，下气柔声。又须任缘而发，虚己而应，当言则言，当默则默。言必存诚，所谓"谨而信"也。当开心见诚，不得含糊，令人不解。不得恶口，不得两舌，不得妄语，不得绮语。切须戒之。

一颦①一笑，皆当慎重。不得大声狂笑，不得无缘冷笑，不得掀喉露齿。凡呵欠大笑，必以手掩其口。

洒扫原是弟子之职，有十事须知。一者先卷门帘，如有圣像，先下厨幔。二者洒水要均，不得厚薄。三者不得污溅四壁。四者不得足蹈湿土。五者运帚要轻。六者扫地当顺行。七者扫令遍净。八者吸②时当以箕口自向。九者不得存聚，当分择弃除。十者净拭几案。

应对之节，要心平气和，不得闻呼不应，不得高呼低应，不得惊呼怪应，不得违情怒应，不得隔屋咤声呼应。凡拜见

---

① 颦：音 pín。
② 吸：通"扱"。

尊长，问及来历，或正问，或泛问，或相试，当识知问意，或宜应，或不宜应。昔王述①素有痴名，王导②辟之为掾③。一见，但问江东米价，述张目不答。导语人曰："王郎不痴。"此不宜答而不答也。或问及先辈，切不可辄称名号。如马永卿④见司马温公⑤，问："刘某安否？"马应云："刘学士⑥安。"温公极喜之，谓："后生不称前辈表德⑦，最为得体。"此等处，皆应对之所当知者也。

凡揖拜，须先两足并齐，两手相叉当心，然后相让而揖。不可太深，不可太浅。揖则不得回头相顾，拜则先屈左足，次屈右足。起则先右足，以两手枕于膝上而起。古礼有九拜之仪，今不悉也。凡遇长者，不得自己在高处向下作礼。见长者用食未辍，不得作礼。如长者传命特免，不得强为作礼。

---

① 王述：东晋官员，以孝闻名。
② 王导：东晋权贵。
③ 掾（yuàn）：属员。
④ 马永卿：北宋进士出身的学者，刘安世的学生。
⑤ 司马温公：北宋司马光（1019—1086），编著《资治通鉴》，死后被赠温国公。
⑥ 刘某：刘安世，司马光弟子，北宋大臣。
⑦ 表德：表字。

如遇逼窄之地，长者不便回礼，须从容取便作礼。

凡授物与人，向背有体。如授刀剑，则以刃自向。授笔墨，则以执处向人。《曲礼》中献鸟者佛①其首，献车马者执策绥②，献甲者执胄，献杖者执末，献民虏者操右袂，献粟执右羑③，献米者操量鼓，献热食者操酱齐④，献田宅者操书致。凡遗人弓者，张弓尚筋，弛弓尚角，右手执箫，左手承弣⑤，尊卑垂帨⑥。若主人拜，则客还辟⑦辟拜。主人自受，由客之左接下承弣，乡⑧与客并，然后受。进剑者，左首。进戈者，前其镈⑨，后其刃。进矛戟者，前其镦⑩。进几杖者，拂之。效马、效羊者，右牵之。效犬者，左牵之。执禽者，左首。饰羔雁

---

① 佛：通"拂"。
② 绥：车上当拉手的绳索。
③ 右羑：疑为"右契"讹误。《礼记》中为"右契"。
④ 齐：通"齑"（jī），调味品。
⑤ 弣（fǔ）：弓的把手处。
⑥ 帨（shuì）：佩巾。
⑦ 辟：通"避"。
⑧ 乡：通"向"。
⑨ 镈（zūn）：戈把手处的金属套。
⑩ 镦（duì）：矛戟把手处的金属套。

者以缋①,受珠玉者以掬,受弓剑者以袂,饮玉爵者弗挥。凡以弓剑、苞苴②、箪笥③问④人者,操以受命,如使之容。此段可记也。受人之物,最宜慎重。执虚如执盈,执轻如执重,不可忽也。

如沐时以巾授尊长,亦有五事须知:一者须当抖擞之;二者当两手托巾两头;三者不得太近太远,相离二尺许;四者冬则两手展巾,近炉烘暖;五者尊长用毕,仍置常处。其余诸类,皆当据此推之。

饮食乃日用之需,不可拣择美恶、肥浓、甘脆,或至伐胃。箪瓢蔬食,可以怡神,须当存节食之意。不得仰面食,不得曲身食。与人同食,不可自拣精者。客未食,不敢先食。食毕,不敢后。不得急喉食,不得颊食,不得遗粒狼藉,不得怒食,不得缩鼻食,不得嚼食有声,不得向人语话。将口就食,失之贪;将食就口,失之倨,皆宜戒之。食毕漱口,

---

① 缋(huì):布头。
② 苞苴(bāo jū):包鱼肉的草袋,代指礼物。
③ 箪笥(dān sì):竹苇编织的盛物容器。
④ 问:同"遗"(wèi),赠予。

不得大向^①，令人动念。

涕唾理不可忍，亦不可数，但不得已，必酌其宜。不得对客涕唾，不得于正厅涕唾，不得向人家静室内涕唾，不得于房壁上涕唾，不得当道净地上涕唾，不得于生花草上涕唾，不得于溪泉流水涕唾，当于隐僻处方便行之，勿触人目。

登厕亦有十事：一者，当行即行，不得急迫、左右顾视；二者，厕上有人，当少待，不得故作声迫促之；三者，当高举衣而入；四者，入厕当微咳一声；五者，厕上不得共人语笑；六者，不可涕唾于厕中；七者，不得于地上壁上划字；八者，不得频低头返视；九者，不得遗秽于厕橼上；十者，毕当濯手，方持物。

以上数条，特其大概。汝真有志，三千之仪，皆可据此推广。智及仁守，大本已正。然必临之以庄，动之以礼，方为尽善。故礼虽至卑，崇之可以发育万物，峻极于天，勿视为末节而忽之也。

---

① 大向：通"太响"。

报本第七

伊川先生①云:"豺獭皆知报本。士大夫乃忽此,厚于奉养而薄于先祖,奚可哉!"甘泉先生②曰:"祭,继养也。祖父母亡而子孙继养不逮,故为春秋忌祭,以继其养。然祖考之神,尤有甚于祖考之存时。故七日戒、三日斋,方望其来格。不然,虽丰牲不享也。"观二先生之言如此,祭其可忽哉!古

---

① 伊川先生:北宋理学家程颐(1033—1107),河南伊川人,世称"伊川先生"。
② 甘泉先生:明儒湛若水(1466—1560),号甘泉,广东广州人,弘治十八年进士。

礼久不行，今自我复之。每遇祭，前十日，即迁坐静所，不饮酒茹荤，为散斋七日。又夙夜丕显，不言不笑，专精聚神，为致斋三日。有客至门，仆辈以诚告之。族人愿行此者，相与共为此追远之诚，亦养德之要。吾儿务遵行之，传之世世，勿视为迂也。祭之日，尤须竭诚尽慎，事事如礼，勿盱①视，忽怠荒。我在宝坻，每祭必尽诚，祷无不验。天人相与之际，亦微矣哉！

每岁春秋二祭，皆用仲月，卜日行事。祭之日，夙兴，具衣冠，谒祠祝过，遂以次奉神主于正寝。其仪一遵朱子《家礼》。始祖南向，二昭②西向，二穆③东向，每世一席。附位列于后，食品半之。上昭穆相向，不正相对。下昭穆各稍后，两向，亦不正对。易世但以上下为尊卑，不以尊卑为昭穆。俗节各就家庙行之。时物虽微必献，未献，子孙不得先尝。

---

① 盱（xū）：张开眼睛。
② 昭：宗庙祠堂供奉祖宗牌位时，始祖居中，排在左边的为昭。
③ 穆：宗庙祠堂供奉祖宗牌位时，始祖居中，排在右边的为穆。

治家第八

治家之事,道德为先。道德无端,起于日用。一日作之,日日继之,毋怠惰而常新焉,如是而已。吾为汝试言其概。如行一事,必思于道无妨,于德无损,即行之。如出一言,必思于道无妨,于德无损,即出之。拟之而后言,议之而后动,凡一视一听、一出一入,皆不可苟。又要处处圆融,尘尘方便。凡遇拂逆,当闭门思过,反躬自责,则闺门之内,不威而肃矣。古人谓齐家以修身为本,岂虚哉!

修身要矣,御人急焉。群仆中择一老成忠厚者管家,推心任之,厚廪养之。其余诸仆,亦不可使无事而食,量才器使，人有专业，田园仓库、舟车器用各有所司，立定规矩，时为省试，因其勤惰而赏罚之，则事省而功倍矣。至顽至蠢，婢仆之常，须反复晓谕，不可过求。纵有不善，亦宜以隐恶扬善之道宽厚处之，一念伤慈，甚非大体。我性不喜责人，故家庭之内，鞭朴常弛，僮仆多懒。汝宜稍加振作。

齐家之道，非刑即礼。刑与礼，其功不同。用刑则积惨刻，用礼则积和厚，一也。刑惩于已然之后，礼禁于未然之先，二也。刑之所制者浅，礼之所服者深，三也。汝能动遵礼法，以身率物，斯为上策。不得已而用刑，亦须深存恻隐之心，明告其过，使之知改。切不可轻口骂詈，亦不可使气怒人。虽遇鸡犬无知之物，亦等以慈心视之，勿用杖赶逐，勿抛砖击打，勿当客叱斥。我家戒杀已久，此最美事，汝宜遵之。

人各有身，身各有家。佛氏出家之说，亦方便法门也。家何尝累人，人自累耳。世人认定身家，私心太重，求望无穷，不特贫者有衣食之累，虽富者亦终日营营，不得清闲自在，可惜也。须将此身此家放在天地间平等看去，不作私计，无为过求，贫则蔬食菜羹可以共饱，富则车马轻裘可以共敝①。近日陆氏义仓②之设,其法甚善,当仿而行之。田租所入,除食用外,凡有所余,不拘多寡,悉推之以应乡人之急。请行谊老成者主其事。陆氏不许子孙侵用,我则不然。家无私蓄,外以济农,内以自济,原无彼我。凡有所需,即取而用之,但不得过用亏本。仍禀主计者,应用悉凭裁夺,不得擅自私支。

---

① 共敝:共同从新使用到旧。
② 陆氏义仓:浙江平湖乡宦陆杲与儿子陆光祖、陆光祚、陆光宅等父子捐献1350亩农田,用收成资助宗族。

下编 庭帷杂录

《庭帏杂录》序

余小子,生也晚,不获事吾祖参坡先生暨吾祖母李孺人①。阅吾父及吾诸伯叔所述《庭帏杂录》,未尝不哑然惊、惕然惧,而怃然思奋也。

开辟生人至伙矣,独称朱、均为不肖②,何哉?以尧舜至德,不能相肖耳。故为众人之子孙易,为贤人之子孙难。《记》称,文王无忧,岂前有所承,后有所托,而可以无忧

---

① 孺人:明代封赠七品官员母亲和妻子的荣誉称号。
② 朱、均为不肖:尧的儿子丹朱、舜的儿子商均,两人都不是好儿子。

哉？殆谓文王宜忧而不忧耳。盖前有贤父，毫发不类，便堕家声；后有圣子，身范稍亏，便难作则。况曰，父作之在文王，必有所绍之者；曰，子述之在文王，必有所开之者。惟文王能尽道，所以无忧也。不然，蔡叔①以文王为父、蔡仲为子，而宁能免于忧哉？

今吾祖何如人？吾伯叔何如人？吾父又何如人？而为子孙者，可泄泄已乎？

闻诸吾父，谓吾祖之学，无所不窥，而特寓意于医，借以警世觉人。察脉而知其心之多欲也，则告以淡泊清虚；察脉而知其心之多忿也，则告以涵泳宽裕；察脉而知其心之荡且浮也，则告以凝静收敛。引经据传，切理当情，闻者莫不有省。虽家庭指示，片语微词，皆可书而诵也。

伯氏春谷②先生先录其言，以备观省，已而诸伯叔竞效而录之，共二十余卷。经倭乱③，存者无几。吾父虑其尽逸也，

---

① 蔡叔：周文王的儿子，周武王的弟弟，叛乱分子，在流放中死亡。其儿子蔡仲是个好儿子。
② 春谷：袁衷号春谷。
③ 倭乱：嘉靖三十二年到三十五年间，倭寇多次侵入嘉善县烧杀抢劫。

遂辑其存者,厘为上下二卷,付之梓人。

吾王父母①心术之微,不尽在是也;行谊之大,亦不尽在是也。然善观人者,尝其一脔②可以知全鼎之味矣。勉承父命,谨题其端,以自勖③云。

万历丁酉季秋吉旦　孙男袁天启拜手④谨书

---

① 王父母:祖父母。
② 脔(luán):切成小块的肉。
③ 勖(xù):勉励。
④ 拜手:一种跪拜礼,跪拜时双掌叠放,头磕在双掌上。

第一章　袁衷的记录

传称,孔子家儿不知骂,曾子家儿不知怒,生而善教也。汝祖生平不喜责人,每僮仆有过当刑,辄与汝祖母私约:"我执杖往,汝来劝止。"我体其意,终身未尝以怒责仆,亦未尝骂仆。汝曹识之。

汝曾祖菊泉先生尝语我云:"吾家世不干禄仕,所以历代无显名。然忠信孝友,则世守之,第令子孙不失家法,足矣!即读书,亦但欲明理义,识古人趣向。若富贵,则天也。"

沈科①初授南京行人司②副,归别吾父。吾父谓之曰:"前辈谓仕路乃毒蛇聚会之场,余谓其言稍过,然君子缘是可以自修。其毒未形也,吾谨避之。质直好义,以服其心;察言观色,虑以下之,以平其忿。其毒既形,吾顺受之,彼以毒来,吾以慈受可也。"

《记》称:"吊丧不能赙③,不问其所费;问疾不能馈,不问其所欲;见人不能馆,不问其所舍。"此言最尽物情。故张横渠④谓物我两尽,自《曲礼》入,非虚言也。汝辈处世,宜一一据此推广,如见讼不能解,不问其所由;见灾不能恤,不问其所苦;见穷不能赈,不问其所乏。

予与二弟□□□⑤侍吾母,□□□□予辈不自知其非己出

---

① 沈科:了凡二姑的儿子,嘉靖二十三年进士。
② 行人司:负责向各地派遣朝廷信使的衙门,司副从七品。
③ 赙(fù):拿财物帮人办丧事。
④ 张横渠:北宋理学家张载(1020—1077),号横渠。
⑤ □:替代古籍中缺失的文字。

也。新衣初试，旋或污毁，吾母夜缝而密浣之，不使吾父知也。正食既饱，复索杂食，吾母量授而撙节之，不拂，亦不恣也。坐立言笑，必教以正。吾辈幼而知礼。先母没，期年，吾父继娶吾母来时，先母灵座尚在，吾母朝夕上膳，必亲必敬。当岁时佳节，父或他出，吾母即率吾二人躬行奠礼。尝洒泪告曰："汝母不幸蚤世，汝辈不及养，所可尽人子之心者，惟此祭耳。"为吾子孙者，幸勿忘此语。

第二章　袁襄的记录

士之品有三。志于道德者为上，志于功名者次之，志于富贵者为下。近世人家生子，禀赋稍异，父母师友即以富贵期之。其子幸而有成，富贵之外，不复知功名为何物，况道德乎！吾祖生吾父，岐嶷秀颖，吾父生吾，亦不愚，然皆不习举业，而授以五经①古义。生汝兄弟，始教汝习举业，亦非徒以富贵望汝也。伊周②勋业、孔孟文章，皆男子当事，位

---

① 五经:《周易》《诗经》《春秋》《礼记》《尚书》，明代科举必考科目，考生任选一经参加考试。《尚书》又称《书经》。
② 伊周：商代圣贤伊尹和周代圣贤周公。

之得不得在天，德之修不修在我。毋弃其在我者，毋强其在天者。

欲洁身者必去垢，欲愈疾者必求医。昔曹子建①文字好人讥弹，应时改定，岂独文艺当尔哉！进德修业皆当如此。

比邻沈氏，世仇予家。吾母初来，吾弟兄尚幼。吾家有桃一株，生出墙外，沈辄锯之。予兄弟见之，奔告吾母。母曰："是宜然！吾家之桃，岂可僭②彼家之地！"沈亦有枣，生过予墙。枣初生，母呼吾弟兄，戒曰："邻家之枣，慎勿扑取一枚！"并诫诸仆为守护。及枣熟，请沈女使至家而摘之，以盒送还。吾家有羊，走入彼园，彼即扑死。明日彼有羊窜过墙来，群仆大喜，亦欲扑之，以偿昨憾。母曰："不可！"命送还之。沈某病，吾父往诊之，贻之药。父出，母复遣人告群邻曰："疾病相恤，邻里之义。沈负病，家贫，各出银五

---

① 曹子建：三国时魏国人曹植，字子建。
② 僭（jiàn）：超越本分。

分以助之。"得银一两三钱五分。独助米一石。由是沈遂忘仇感义,至今两家姻戚①往还。古语云:"天下无不可化之人②。"谅哉!

有富室娶亲,乘巨舫自南来,经吾门,风雨大作,舟触吾家船坊,倒焉。邻里共捽③其舟人,欲偿所费。吾母闻之,问曰:"媳妇在舟否?"曰:"在舟中!"因遣人谢诸邻曰:"人家娶妇,期于吉庆,在路若赔钱,舅姑以为不吉矣。况吾坊年久,积朽将颓,彼舟大,风急,非力所及,幸宽之。"众从命。

吾母爱吾兄弟,逾于己出。未寒思衣,未饥思食,亲友有馈果馔,必留以相饲。既娶妇,依然呴④育,无异龆龀⑤也。吾妇感其殷勤,泣语予曰:"即亲生之母,何以逾此!"妻家

---

① 姻戚:与婚姻相关的亲属关系,即姻亲。这里指了凡的二姑嫁到沈家。
② 天下无不可化之人:出自王阳明《象祠记》。
③ 捽(zuó):揪,抓。
④ 呴(xǔ):慢慢呼气。
⑤ 龆龀(tiáo chèn):换牙时的孩童。

或有馈，虽甚微鲜，不敢私尝，必以奉母。一日，偶得鳜①，妇亲烹，命小僮胡松持奉。松私食之。少顷，妇见姑，问曰："鳜堪食否？"姑愕然良久，曰："亦堪食！"妇疑，退而鞫②松，则知其窃食状。复走谒姑曰："鳜不送至而曰'堪食'，何也？"吾母笑曰："汝问鳜，则必献，吾不食，则松必窃。吾不欲以口腹之故见人过也。"其厚德如此。

---

① 鳜：音 guì。
② 鞫（jū）：审问。

第三章 袁裳的记录

起非分之思，开无谓之口，行无益之事，不如其已！

可爱之物，勿以求人；易犯之愆①，勿以禁人；难行之事，勿以令人。

语云："斛满，人概之；人满，神概之，"此良言也。智周万物，守之以愚；学高天下，持之以朴；德服人群，莅之以

---

① 愆（qiān）：过失。

虚；不待其满，而常自概之。虽鬼神无如吾何矣。

见精，始能为造道之言；养盛，始能为有德之言。其见卑而言高，与养薄而徒事造语者，皆典谟、风雅之罪人也。

黄苏①皆好禅②，谈者谓子瞻是士大夫禅③，鲁直是祖师禅④，盖优黄而劣苏也。人皆知二公终身以诗文为事，然二公岂浅

---

① 黄苏：黄庭坚（1045—1105）和苏轼（1037—1101），二人都是北宋著名文学家和书法家。黄庭坚，字鲁直；苏轼，字子瞻。
② 禅：佛教术语"禅定"的简称，又名"思维修"或"静虑"，意为通过修学净化人心，复原每个人与生俱来的良知。儒家《大学》第一章中的"静虑"与此同义。
③ 士大夫禅：出自"如来禅"。当年释迦牟尼传授两种成佛方法，一是如来禅，一是祖师禅。如来禅，是通过学习经典，学会呼吸、打坐、观想等多种方法，经过勤学苦练，最后成佛。释迦牟尼即如来佛，因此这种方法简称"如来禅"。传到中国后，读书人喜欢玩弄文字，通过领会文字表达的意境，最后成佛，这种方法又被称为"文字禅"。士大夫都是读书人，文字禅又被称为"士大夫禅"。
④ 祖师禅：不立文字、以心传心、当下顿悟的成佛方法。当年释迦牟尼在灵山会上手里拈着花、脸上带着笑，不说一句话，通过以心传心，让弟子迦叶当下成佛。从达摩到慧能，历代禅宗祖师都这样相传，因此这种方法被称为"祖师禅"。

浅者哉!子瞻无论其立朝大节,即阳羡买房焚券①一细事,亦足砭污起懦。鲁直与人书、论学、论文,一切引归根本,未尝以区区文章为足恃者。《余冬序录》②尝类其语。

如云:"学问文章当求配古人,不可以贤于流俗自足。孝弟忠信是此物根本,养得醇厚,使根深蒂固,然后枝叶茂耳。"

又云:"读书须一言一句,自求己身,方见古人用心处。如欲进道,须谢外慕,乃得全功。"

又云:"'置心一处,无事不办。'读书先令心不驰走,庶言下有理会。"

又云:"学问以自见其性为难。诚见其性,坐则伏于几,立则垂于绅,饮则形于尊彝③,食则形于笾豆④,升车则鸾和⑤

---

① 阳羡买房焚券:苏轼在阳羡(今宜兴)购买并入住了一座房子,偶尔听到原房主的母亲因舍不得卖房而哭泣,就当面烧毁房契,把房子还给老人,连房钱也不要了。
② 《余冬序录》:明代何孟春著作。
③ 尊彝(yí):古代酒器。
④ 笾(biān)豆:古代食具,竹制的为笾,木制的为豆。
⑤ 鸾和:古代车上有鸾与和两种铃铛。

与之言，奏乐则钟鼓为之说。故无适而不当。至于世俗之学，君子有所不暇。"

又云："学问须从治心养性中来，济以玩古之功。三月聚粮，可至千里，但勿欲速成耳。"

此等处，皆汝辈所当服膺也。

顾子声、王天宥、刘光浦在坐，设酒相款。刘称吾父："大节凛然，细行不苟，世之完德君子也。"父曰："岂敢当！尝自默默检点，有十过未除，正赖诸君之力，共刷除之。"王问："何者为十？"父曰："外缘役役，内志悠悠，常使此日闲过，一也。闻人之过，口不敢言，而心常尤之，或遇其人，而不能救正，二也。见人之贤，岂不爱慕？思之而不能与齐，辄复放过，三也。偶有横逆，自反不切，不能感动人，四也。爱惜名节，不能包荒，五也。（原文缺六）终日闲邪，而心不能无妄思，七也。有过辄悔，如不欲生，自谓永不复作矣，而日复一日，不觉不知，旋复忽犯，八也。布施而不能空其所有，忍辱而不能遣之于心，九也。极慕清净而不能断酒肉，十也。"顾曰："谨受教！"且顾余兄弟曰："汝曹识之，此尊翁实心寡过也。"

夏雨初霁，槐阴送凉。父命吾兄弟赋诗。余诗先成，父击节称赏。时有惠葛者，父命范裁缝制服赐余，而吾母不知也。及衣成，服以入谢，母询知其故，谓余曰："二兄未服，汝何得先！且以语言文字而遽享上服，将置二兄于何地！"褫衣藏之，各制一衣赐二兄，然后服。

吾父不问家人生业，凡薪菜交易，皆吾母司之。秤银既平，必稍加毫厘。余问其故，母曰："细人生理至微，不可亏之。每次多银一厘，一年不过分外多使银五六钱。吾旋节他费补之，内不损己，外不亏人，吾行此数十年矣！儿曹世守之，勿变也！"

余幼颇聪慧，母欲教习举子业。父不听，曰："此儿福薄，不能享世禄。寿且不永，不如教习六德六艺，作个好人。医可济人，最能种德，俟稍长，当遣习医！"

余十四岁，五经诵遍，即遣游文衡山①先生之门，学字学诗。既毕姻，授以古医经，令如经史，潜心玩之。且嘱余曰："医有八事须知。"余请问，父曰："志欲大而心欲小，学欲博而业欲专，识欲高而气欲下，量欲宏而守欲洁。发慈悲恻隐之心，拯救大地含灵之苦，立此大志矣。而于用药之际，兢兢以人命为重，不敢妄投一剂，不敢轻试一方，此所谓小心也。上察气运于天，下察草木于地，中察情性于人，学极其博矣。而业在是，则习在是。如承蜩②，如贯虱③，毫无外慕，所谓专也。穷理养心，如空中朗月，无所不照，见其微而知其著，察其迹而知其因，识诚高矣。而又虚怀降气，不弃贫贱，不嫌臭秽，若恫瘝④乃身，而耐心救之，所谓气之下也。遇同侪相处，己有能则告之，人有善则学之，勿存形迹，勿分尔我，量极宏矣。而病家方苦，须深心体恤，相酬之物，富者资为药本，贫者断不可受，于合室皱眉之日，岂忍受以自肥！戒之戒之！"

---

① 文衡山：明代著名画家、书法家文徵明（1470—1559），号衡山。
② 承蜩（tiáo）：捕蝉。
③ 贯虱（shī）：射箭能贯穿虱子的心。
④ 恫瘝（guān）：恫：惊恐；瘝：伤心。代指疾病。

第四章　袁表的记录

古人慎言，不但非礼勿言也。《中庸》所谓"庸言"，乃孝弟忠信之言，而亦谨之。是故万言万中，不如一默。

童子涉世未深，良心未丧，常存此心，便是作圣之本。

癸卯除夕家宴，母问父曰："今夜者，今岁尽日也。人生世间万事，皆有尽日，每思及此，辄有凄然遗世之想。"父曰："诚然！禅家以身没之日为腊月三十日，亦喻其有尽也。须未至腊月三十日而预为整顿，庶免临期忙乱耳。"母问："如何整顿？"父曰："始乎收心，终乎见性。"予初讲《孟子》，起对曰:"是学问之道也。"父颔之。

余幼学作文,父书"八戒"于稿簿之前,曰:"毋剿袭,毋雷同,毋以浅见而窥,毋以满志而发,毋以作文之心而妄想俗事,毋以鄙秽之念而轻测真诠,毋自是而恶人言,毋倦勤而怠己力。"

韩退之[①]《符读书城南》诗,专教子取富贵,识者陋之。吾今教尔曹正心诚意,能之乎?"予应曰:"能!"问:"心若何而正?"对曰:"无邪即正。"问:"意若何而诚?"曰:"无伪即诚。"叱曰:"此口头虚话!何可对大人!须实思,其何以正,何以诚,始得!"余瞿然有省。

野葛虽毒,不食则不能伤生;情欲虽危,不染则无由累己。问:"何得不染?"曰:"但使真心不昧,则欲念自消。偶起即觉,觉之即无,如此而已。"

[①] 韩退之:唐代著名文学家韩愈。

古人有言，畸人①、硕士身不容于时，名不显于世，郁其积而不得施，终于沦落，而万分一不获自见者，岂天遗之乎？时已过矣，世已易矣，乃一旦其后之人勃兴焉，此必然之理，屡屡有征者也。吾家积德，不试者数世矣，子孙其有兴焉者乎！

父自外归，辄掩一室而坐，虽至亲不得见之。予辈从户隙私窥，但见香烟袅绕，衣冠俨然，素须飘飘，如植如塑而已。

父与予讲太极图，吾母从旁听之。父指图曰："此一圈，从伏羲一画圈将转来，以形容无极、太极的道理。"母笑曰："这个道理亦圈不住。只此一圈，亦是妄。"父告予曰："太极图汝母已讲竟。"遂掩卷而起。

父每接人，辄温然如春。然察之，微有不同。接俗人则

---

① 畸（jī）人：超常的人。

正色缄口，诺诺无违；接尊长则敛智黜华，意念常下；接后辈则随方寄诲，诚意可掬；唯接同志之友，则或高谈雄辩，耸听四筵，或婉语微词，频惊独坐，闻之者未始不爽然失、帖然服也。

毋以饮食伤脾胃，毋以床笫耗元阳，毋以言语损现在之福，毋以天地造子孙之殃，毋以学术误天下后世。

丙午六月，父患微疾，命移榻于中堂，告诸兄曰："吾祖、吾父皆预知死期，皆沐浴更衣，肃然坐逝，皆不死于妇人之手①。我今欲长逝矣！"遂闭户谢客，日惟焚香静坐。至七月初四日，亲友毕集，诸兄咸在，呼予携纸笔进前，书曰："附赘乾坤七十年，飘然今喜谢尘缘。须知灵运②终成佛，焉识王乔③不是仙。身外幸无轩冕④累，世间漫有性真传。云山千古

---

① 死于妇人之手：临终时割舍不断男女情，不能死得干脆利落。
② 灵运：南北朝著名书法家、诗人谢灵运，擅长画佛像。
③ 王乔：传说，东周灵王太子王乔和东汉明帝时人王乔都成了神仙。
④ 轩冕：官职。

成长往,哪管儿孙俗与贤。"投笔而逝。

遗书二万余卷。父临没,命检其重者,分赐侄辈,余悉收藏付余。母指遗书泣告曰:"吾不及事汝祖,然见汝父博极群书,犹手不释卷,汝若受书而不读,则为罪人矣!"予因取遗籍恣观之,虽不能尽解,而涉猎广记,则自早岁然矣。

吾母当吾父存日,宾客填门,应酬不暇,而吾不见其忙。及父没,衡门悄然,形影相吊,而吾不见其逸。

第五章　袁衮的记录

潘用商与吾父友善,其子恕无子,余幼鞠于其家。父没,母收回。告曰:"一家有一家气习,潘虽良善,其诗书礼义之习,不若吾家多矣。吾早收汝,随诸兄学习,或有可成。"

予随四兄夜诵,吾母必执女工相伴,或至夜分,吾二人寝乃寝。

吾父不刻吾祖文集,以吾祖所重不在文也。及书房雨漏,先集朽不可整,始悔之。吾父亡,吾母命诸兄先刻《一螺集》。曰:"毋贻后悔。"

遇四时佳节,吾母前数日造酒以祭,未祭不敢私尝一滴也。临祭,一牲一菜皆洁诚专设。既祭,然后分而享之。尝语予曰:"汝父年七十①,每祭未尝不哭,以不逮养也。汝幼而无父,欲养无由,可不尽诚于祀典哉?"

每遇时物,虽微必献。未献,吾辈不敢先尝。

四兄善夜坐,尝至四鼓。余至更余辄睡,然善蚤起。四兄睡时母始睡,及吾起,母又起矣,终夜不得安枕。鞠育之苦,所不忍言。

二兄移居东墅,予与四兄从之学。家僮名阿多者送吾二人至馆,及归,见路旁蚕豆初熟,采之盈襭②。母见曰:"农家待此以食,汝何得私取之!"命付米一升偿其直。四兄闻而

---

① 七十:中国人说老年人的年龄,习惯用整数。袁仁67岁去世。
② 襭(xié):用衣襟兜东西。

问母曰:"娘虽付米,阿多必不偿人。"母曰:"必如此,然后吾心始安。"

四兄补邑弟子。母语余曰:"汝兄弟二人,譬犹一体,兄读书有成,而弟不逮,岂惟弟有愧色?即兄之心,当亦欿然也。愿汝常念此,努力进修,读书未熟,虽倦不敢息,作文未工,虽钝不敢限,百倍加工,何远不到?"

乙卯,四兄进浙场,文极工,本房①取首卷。偶以《中庸》义太凌驾,不得中式。后代巡行文给赏,母语余曰:"文可中而不中,是谓之命;倘文犹未工,虽命非命也。尔勉之,第勤修其在己者,得不得勿计也。"

三兄早世,吾母哭之。哀告余曰:"汝父原说其不寿,今果然。"因收七侄、八侄教育之,如吾兄弟。幼时茹苦忍辛,

---

① 本房:明代科举考试,四书是必考科目,五经可任选一经。考官按五经分房评卷录取。本房,即本科目评卷组。

盖无一日乐也。

余与二侄同入泮，母曰："今日服衣巾，便是孔门弟子，纤毫有玷，便遗愧儒门。"以是余兢兢自守，不敢失坠。

吾祖怡杏翁，置房于亭桥西浒间。父遗命授余。母告曰："房之西，王鸾之屋也。当时鸾初造楼，而邑丞倪玑严行火巷之例，法应毁。汝父怜之，毁己之房以代彼。但就倪批一官帖，以明疆界而已。汝体父此意，则一切邻居皆当爱恤，皆当屈己伸人。尝记汝父有言：'君子为人，毋为人所容。宁人负我，我毋负人。倘万分一为人所容，又万分一我或负人，岂惟有愧父兄，实亦惭负天地，不可为人矣！'"

吾母暇则纺纱，日有常课。吾妻陆氏，劝其少息。曰："古人有'一日不作一日不食'之戒，我辈何人，可无事而食？"故行年八十，而服业不休。

远亲旧戚，每来相访，吾母必殷勤接纳，去则周之。贫者必程其所送之礼，加数倍相酬；远者给以舟行路费，委曲周济，惟恐不逮。有胡氏、徐氏二姑，乃陶庄①远亲，久已无服，其来尤数，待之尤厚，久留不厌也。刘光浦先生尝语四兄及余曰："众人皆趋势，汝家独怜贫。吾与汝父相交四十余年，每遇佳节，则穷亲满座，此至美之风俗也！汝家后必有闻人，其在尔辈乎！"

九月将寒，四嫂欲买绵，为纯帛之服以御寒。母曰："不可。三斤绵用银一两五钱，莫若止以银五钱买绵一斤，汝夫及汝冬衣，皆以枲②为骨，以绵覆之，足以御冬。余银一两，买旧碎之衣，浣濯补缀，便可给贫者数人之用。恤穷济众，是第一件好事。恨无力不能广施，但随事节省，尽可行仁。"

母平日念佛，行住坐卧，皆不辍。问其故，曰："吾以收心也。尝闻汝父有言，人心如火，火必丽木，心必丽事，故曰，'必有事焉'。一提佛号，万妄俱息，终日持之，终日心

---

① 陶庄：高祖袁顺家在陶庄。
② 枲（xǐ）：麻。

常敛也。"

四兄登科,报至吾母,了无喜色。但语余曰:"汝祖、汝父,读尽天下书,汝兄今始成名,汝辈更须努力。"

跋

《庭帏杂录》者，吾内兄袁衷等录父参坡公并母李氏之言也。

参坡初娶王氏，生子二，曰衷，曰襄。衷五岁，襄四岁，王氏没。继娶李氏，生子三，曰裳，曰表，曰衮。衮十岁，参坡公亡。又二十七年，李氏弃世。故衷、襄所录，父言居多，而衮幼，不及事父，独佩母言，自淑耳。

参坡博学惇行，世罕其俦；李氏贤淑有识，磊磊有丈夫气。观兹录，可以想见其人矣。

钱晓^①识

---

① 钱晓：了凡大姑的儿子，又是了凡的妹夫。

附录一　了凡年谱

袁了凡（1533—1606），名黄，字坤仪，号了凡。明代浙江嘉善人，晚年移居江苏吴江。做过宝坻知县和兵部主事。精通儒释道，是明代重要思想家和修行家。知识渊博，著作丰富，涉及文学、历史、哲学、科举教辅、天文历法、农业水利、边防建设、男女生殖、保健养生、参禅打坐等领域；修炼身心，操行严谨，每天记录自己的善恶言行和心念，严守不杀生、不偷盗、不邪淫、不妄语戒律，每天以圣人标准反省检讨自己。

《了凡四训》流传广泛，其积德行善改造命运的思想影响深远。

嘉靖十二年（1533），农历十二月十一日（公历12月26日）出生于浙江嘉善的一个医生世家。

嘉靖十五年（1536），3岁。大姑的孙子钱贞被选为贡生，入国子监读书，第二年中举。

嘉靖十八年（1539），6岁。父亲讲授《颜氏家训》。

嘉靖二十三年（1544），11岁。二姑的儿子沈科考中进士。旱灾。

嘉靖二十五年（1546），13岁。父亲去世，享年67岁，留给了凡2万册藏书。母亲让了凡放弃科举，改学医术。旱灾，瘟疫。

嘉靖二十六年（1547），14岁。刻印父亲诗文集《一螺集》。父亲的二舅朱贤被选为贡生。

嘉靖二十八年（1549），16岁。在嘉善慈云寺，孔道人劝了凡参加科举，预告了凡的终身命运：1.在县学入学资格考试中，县考第14名，府考第71名，省考第9名；2.在县学吃够91.5石皇粮后获得选贡资格；3.在四川某县做三年半知县，辞职回乡；4.死于农历八月十四日丑时，享年52岁；5.一生没有儿子。入私塾读书。

嘉靖二十九年（1550），17岁。考入县学。跟随文章名家唐顺之学习两个月，记录并刻印唐顺之讲稿《荆川疑难题意》。

嘉靖三十三年（1554），21岁。倭寇抢掠嘉善，焚烧县衙和巡检司衙。受邀参加修筑嘉善县城的勘察规划。

嘉靖三十四年（1555），22岁。第一次乡试失利。编著的《四书便蒙》《书经详节》畅销全国。父亲的大舅朱愚被选为贡生。

嘉靖三十七年（1558），25岁，第二次乡试失利。

嘉靖四十年（1561），28岁，第三次乡试失利。

嘉靖四十三年（1564），31岁。第四次乡试失利。知县邀请了凡到思贤书院讲学。

嘉靖四十五年（1566），33岁。拜师王阳明的重要弟子王畿。

隆庆元年（1567），34岁。第五次乡试失利。被选为贡生。

隆庆二年（1568），35岁。在北京国子监，不读书，只静坐。

隆庆三年（1569），36岁。转南京国子监。在栖霞寺拜师云谷禅师，接受改造命运的方法，开始做功过格。改号了凡，发心积德行善，改造命运。为考中举人，发愿做三千件善事。

隆庆四年（1570），37岁。第六次参加乡试，在南直隶乡试中考取第36名。

隆庆五年（1571），38岁。第一次会试失利。

万历元年（1573），40岁。生母去世。

万历二年（1574），41岁。第二次会试失利。

万历五年（1577），44岁。在会试初选中被推荐为第一名，因答题内容触犯主考官张四维，名落孙山。编著的科举教辅书《举业彀率》畅销。

万历七年（1579），46岁。第一任妻子高氏去世。到终南山归隐，拜师刘隐士，学习兵法。完成隆庆三年发愿做的三千件善事。

万历八年（1580），47岁。第四次会试失利。为生儿子，发愿做三千件善事。

万历九年（1581），48岁。儿子天启出生。

万历十一年（1583），50岁。第五次会试失利。完成万历八年发愿做的三千件善事。为考中进士，发誓做一万件善事。

万历十四年（1586），53岁。中进士，到苏州和松江调研赋税。

万历十六年到二十年（1588—1592），55—59岁。出任宝坻知县，政绩卓著。刻印《劝农书》《祈嗣真诠》《静坐要诀》《摄生三要》《诗外别传》等书。《祈嗣真诠》中出现了《改过第一》和《积善第二》，即《了凡四训》中《改过之法》和《积善之方》。

万历十七年（1589），56岁。幻余禅师说，了凡为遭受水灾的全县百姓减免税粮，仅此一件事就等于一万件善事。

万历二十年七月，任兵部主事。八月，出任抗倭援朝经略兵部赞画。六品主事被朝廷恩准享用四品官服待遇。为抗倭援朝出谋划策，为解放平壤和收复咸镜道做出贡献。

万历二十一年（1593），60岁。在内阁与吏部争权中成为牺牲品，被削职为民。受知县邀请，主编《嘉善县志》。

万历二十二年（1594），61岁。建万卷楼（家庭图书馆)。辅导儿子和各地来求学的学生,编著教辅书。编写《训儿俗说》。

万历二十五年(1597),64岁。给儿子举办成人礼和婚礼。刻印《训儿俗说》《庭帏杂录》。

万历二十八年(1600),67岁。撰写《积善立命篇》(《了凡四训》中的《立命之学》),教训儿子。

万历三十年(1602),69岁。书商刻印10卷《游艺塾文规》,其中《科第全凭阴德》《谦虚利中》《立命之学》三篇文章被清代学者删减整理后,与《祈嗣真诠》中的《改过第一》《积善第二》一起合编为如今的通行本《了凡四训》。

万历三十三年(1605),72岁。书商刻印18卷《游艺塾续文规》。

万历三十四年(1606),73岁。七月去世,安葬于今嘉善县惠民街道独社浜。书商刻印《了凡杂著》。

天启元年(1621),朝廷平反叙功,赠从五品尚宝司少卿。天启改名俨。

天启五年(1625),儿子袁俨和养子叶绍袁同年中进士。

崇祯十五年(1642),了凡与儿子一起入祀吴江乡贤祠。

清乾隆二年(1737),了凡入祀嘉善六贤祠。

附录二 主要参考书目

1.〔明〕袁了凡著,嘉善县地方志编委会收集整理:《袁了凡文集》,线装书局,北京,2006年。

2.杨越岷:《袁黄传》,上海三联书店,上海,2021年。

3.〔明〕袁了凡著,林志鹏、华国栋译注:《训儿俗说》,上海古籍出版社,上海,2019年。

4.徐春燕:《了凡四训泽后世:嘉善居士袁黄》,大象出版社,郑州,2022年。

5.〔清〕张廷玉等:《明史》,中华书局,北京,2011年。

6.〔清〕江峰青、顾福仁编纂,嘉善县史志办编注:《嘉善县志》,中华书局,2016年。

7. 王程强:《王阳明》,河南文艺出版社,郑州,2016年。

8. 王程强:《王阳明家书家训》,中州古籍出版社,郑州,2024年。

9. 王程强、金伟良:《了凡大传》,华夏出版社,北京,2025年。